**TATSUYA
KAIGAI
DESIGN**

**TATSUYA
KAIGAI
DESIGN**

TATSUYA
KAIGAI
DESIGN

**TATSUYA
KAIGAI
DESIGN**

TATSUYA
KAIGAI
DESIGN

容易製作・嚴選經典：設計師の私房款手作服

小時候的記憶中，
母親到銀座總是穿著親手縫製的連身裙。

喜歡的連身裙彷彿被溫柔魔法包圍，
美麗的陪伴度過優雅時光。

不知不覺中⋯⋯
自己也置身於喜愛的布料與工具，
縫紉機不時演奏出柔和音色。

穿上私藏的連身裙，
打扮得漂漂亮亮出門。

就能串連起，
未隨著時光流逝而褪色的記憶⋯⋯

海外竜也

海外竜也著

message

各位是不是也喜歡縫紉呢？

最近因為想要穿出自我風格，

而動手作衣服的人感覺變多了。

費心縫製的衣服，如果只穿一次就不穿了，

未免令人沮喪，

所以一起來製作能夠加以珍惜的衣服吧！

本書介紹的作品，

是我從縫製過的數千件衣服中，嚴選出來的經典款，

有著容易製作的樣式與縫法。

只要持續學習少許的技巧與訣竅，

任何人都能作出被旁人問道

「這是在哪裡買的？」的漂亮衣服。

仔細作好每道步驟，

偶爾再借助布的力量，

打造出屬於妳的時尚裝扮。

海外竜也

profile

服裝設計師，自創品牌warp & woof
restriction of output，不定期發表沒
有季節限制的服飾。重視細緻手工與
洗練的剪裁，受到許多粉絲喜愛。
http://www.fabletokyo.com/

contents

在至今作過的衣服中，這款鈕釦領擁有很高的人氣。在散發整齊俐落感的同時，寬版領片也勾勒出女性柔美曲線，成為低調點綴。

message from TATSUYA K.

1

鈕釦領小包袖連身裙

大片的鈕釦領、胸前的圓角口袋，搭配上微微蓬起的蓋袖，給人清爽印象的開襟連身裙。

表布＝精梳棉布 Liberty印花布
（Imivia99-3639103・99A）／（株）
LIBERTY JAPAN

作法 P.50

2

鈕釦領小包袖上衣

基本款連身裙的縮短版。力求簡約，沒有多餘
的設計，夏天想要穿出清涼就不能少了它。

表布＝精梳棉布 Liberty印花布（D'Anjo 3632265-ZE）
／（株）LIBERTY JAPAN

作法 P.53

長袖連帽罩衫

以蕾絲材質製作的外搭，保有穿透感。再利用連身帽與重疊的口袋營造立體感。

表布＝蕾絲精梳棉布（22237-51）／布地のお店sol pano

作法 P.54

七分袖讓手腕顯得纖細，而輕柔的七
分袖則能展現女性優美氣質。設計重
點在袖子接縫線低於肩點，成為落肩
款式，帶出輕鬆感。

message from TATSUYA K.

抽縐七分袖上衣

使用帶透明感的天絲精梳棉布料，
胸前裝飾許多細褶。後片下襬的荷
葉飾邊是另一個亮點。

表布＝天絲精梳棉布 Liberty印花布
（Peacock of Grantham Hall 3635266・
DS）／（株）LIBERTY JAPAN

作法 P.56

抽綯七分袖長版上衣

將4的衣身加長，另在前面開襟的
七分袖長版上衣。領圍點綴少許細
褶，搭上蓬鬆的袖子，流露女人
味。

表布＝精梳棉布 Liberty印花布（Yoshie
3630278-16AT）／（株）LIBERTY
JAPAN

作法 P.58

低調裝飾包釦

前短後長的下襬剪裁，
使得背面也漂亮有型。

簡單的有領襯衫，因為加上剪接設
計，立刻多了女人味。製作重點在細
褶的分量，適度抽褶有畫龍點睛的效
果。

message from TATSUYA K.

6 短袖襯衫連身裙

容易給人休閒感的襯衫連身裙，慎選花色與布料也能散發成熟魅力。最上面一顆鈕釦也扣上，再繫上綁帶收腰，穿出整齊端莊感。

表布＝法蘭德斯亞麻布 Liberty印花布
（Malory 91-5491108・J16G）／（株）
LIBERTY JAPAN

作法 P.60

⑦ 短袖襯衫

基本款襯衫洋裝的縮短版，變換格紋的方向玩拼接。夏天，就想要一件充滿趣味的單品。

表布＝精梳棉布 Liberty馬德拉斯格紋印花布（capel 3333055-J16B）／（株）LIBERTY JAPAN

作法 P.64

七分袖小外套

外出時的百搭外套。夏季軟呢突顯
大人味，加上半月型袋蓋的口袋增
添甜美感。

表布＝縲縈混紡棉布　春夏Fancy軟呢先染
格紋（ｔ12709・淺灰藍）／ヨーロッパ
服地のひでき

作法 P.62

總覺得還是圓領能彰顯成熟女性的特
有魅力，對吧？頸部至胸前因為圓領
的曲線展露出不同風情，這樣的款式
一定也能讓妳更美麗。

message from TATSUYA K.

⑨ 圓領五分袖連身裙

亞麻材質的簡約款式。腰部的織帶
綁繩，是從布料花色中挑出的一個
顏色。沒有什麼比一件貼合身體曲
線的連身裙更奢侈了。

表布＝法蘭德斯亞麻布 Liberty印花布
（ Irma 13-3633182・13B）／（株）
LIBERTY JAPAN

作法 P.68

圓領無袖連身裙

特色在腰間的大蝴蝶結綁帶，其他
就簡單至上。散發幾何風情的連身
裙，仔細一看原來是兔子圖案。

表布＝精梳棉布　Liberty印花布
（Cottontail 92-33332262・4）／（株）
LIBERTY JAPAN

作法 P.71

11

傘襬剪接上衣

縮短**10**的無袖連身裙長度，同時前面開襟的款
式。不論是長度或布料花色都十分優雅。

表布＝精梳棉布 Liberty印花布（Rache 3636003-CE）
／（株）LIBERTY JAPAN

作法 P.66

褶襉與荷葉邊，是為衣服注入動態感
的重要元素。令人聯想到海浪的波形
褶襉、如花瓣重疊接縫的荷葉邊，有
了它們就不需要首飾點綴了。

message from TATSUYA K.

12 胸前壓褶短袖連身裙

引人注目的波形褶襉。使用素面布更能顯現褶襉的明暗效果。微微抽細褶的袖口與小巧的衣領是最佳配角。

表布＝亞麻（Classic Fawn）／LINNET

作法 *P.72*

13

胸前壓褶七分袖上衣

波形褶襉的止點到下襬之間線條流暢，十分美麗。因為是七分袖，不管什麼季節都能穿，很讓人開心。

表布＝精梳棉布 Liberty印花布（Maria 91-3331131‧D）

作法 *P.75*

14

荷葉邊短袖上衣

彷彿從領圍開出一朵大花的荷葉邊，令人印象
深刻。不讓荷葉邊顯得太厚重的訣竅，是挑選
薄布料來製作。

表布＝精梳棉布（66000-23T）／布地のお店sol pano

作法 *P.76*

15 荷葉邊短袖連身裙

14的短袖上衣加長成為連身裙。荷葉邊與惹人憐愛的香豌豆花圖案，營造出自然純真的氛圍。以沙典緞帶標出腰線。

表布＝精梳棉布 Liberty印花布（Peasoria 06-3636184-06D）／（株）LIBERTY JAPAN

作法 *P.78*

裙子
skirts

於適當位置標出腰線的及膝裙,是大
人味裙子的代表。標準款的裙子裝飾
蝴蝶結、抽細褶,或拼布風等,加點
巧思就能打造出漂亮作品。

message from **TATSUYA K.**

16 褶襉裙

褶襉裙的前中心裝飾一個蝴蝶結，
兩側的細褶優雅包覆臀部的圓弧曲
線。

表布＝40S 法國亞麻帆布（22264-18）／
布地のお店sol pano

作法 P.82

細褶裙

（17）

莓果圖案，感覺很juicy的細褶裙。
鬆緊帶腰頭穿起來舒適，作法也簡
單。

表布＝精梳棉布 Liberty印花布（Tree Berry
DC28361-J15B）／（株）LIBERTY JAPAN

作法 P.79

18

拼接裙

拼接幾種不同花布的鬆緊帶細褶裙。腰帶使用深色布,當成重點裝飾。

表布＝精梳棉布 Liberty印花布（Eloise 3635272-LBE・Emma&Georginab 3631251-HE・Rachel 3636003-BE・Meadow 3636038-NE・Glenjade 3639015-BE）／（株）LIBERTY JAPAN

作法 P.80

繭型剪裁
cocoon silhouette

英文cocoon是「繭」的意思,就是像
繭一樣包覆的圓弧剪裁。女性特有的
渾圓線條與繭型剪裁再速配不過。以
任何人都能輕鬆製作、舒適穿著的心
情呈現的作品。

message from TATSUYA K.

⑲

繭型上衣

從領圍的褶襉到下襬，是略呈圓弧狀的漂亮剪裁。向日葵圖案的布料，彷彿被許多太陽團團包覆。

表布＝精梳棉布 Liberty印花布馬德拉斯格紋印花布（Small Susanna 08-3638158-J16L）／（株）LIBERTY JAPAN

作法 *P.84*

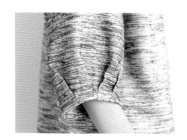

20 繭型連身裙

袖口加上褶襉的弧狀七分袖。自腰
部以下收窄的設計，也能讓腿的視
覺比例拉長顯瘦。

表布＝縲縈混紡亞麻布 羅紋織 Summer
Tweed 白色木紋海軍藍紫（t12107）Tree
Berry DC28361-J15B）／ヨーロッパ服地
のひでき

作法 P.84

領圍的雙層綁帶使頸部更顯華美。開
口不會太大，又不會有壓迫感，是這
款作品的講究之處。即使不佩戴飾
品，仍洋溢華麗氣息。

message from TATSUYA K.

21

領口雙綁帶五分袖上衣

純白的布料,感覺相當清爽。領口的雙綁帶與
袖口的細褶,帶點大人可愛感。

作法 *P.86*

22

領口雙綁帶七分袖長版上衣

加長**21**的衣身與袖子，給人的感覺就完全不一樣了。弧形下襬讓容易流於呆板的長版上衣，有了動態感。

表布＝精梳棉布　Liberty印花布（Alexander Blooms 10-3630256・10CT）／（株）LIBERTY JAPAN

作法 P.86

POINT OF FASHION
STYLE.09
小圓領
shawl collar

簡潔的小圓領，秀出頸部的可愛感。
輕柔順沿頸部曲線的領型也散發著高
雅感，成為百搭款。

message from TATSUYA K.

23

小圓領
七分袖連身裙

復古風的連身裙，小口袋與小片反摺的袖口是重點。高腰的剪接設計，讓雙腿看起來更修長。

表布＝彩色亞麻（130100655-L）／（株）中商事（Fabric Bird）

作法 P.90

小圓領七分袖小外套

大顆鈕釦是一個亮點。直筒剪裁的袖子，在袖山抽細褶，添加了女人味。

表布＝斜紋棉布 Liberty印花布（10-3630276S-J16B）
／（株）LIBERTY JAPAN

作法 **P.88**

擁有輕快穿著感的單層外套,縫製重
點在領口與口袋的使用。可以輕鬆的
心情製作,不會一聽到是外套就讓人
想敬而遠之的款式。

message from **TATSUYA K.**

25

無領長外套

蕾絲無領外套，洋溢著高級感。選
擇這種縫隙較少的蕾絲，比較容易
車縫。

表布＝花形拉舍爾蕾絲（12683-1．原
色）／布地のお店sol pano

作法 P.92

作法 P.94

26

小圓領長外套

搭配小巧衣領，散發女人味的長外套。設計重點在英式大衣常見的雙口袋。

表布＝立陶宛亞麻 綾織彩色素面
（121127300-#1）／（株）中商事
（Fabric Bird）

作法 **P.65**

布胸花

在布片上刺繡並縫上串珠作成胸花。也可以替換金屬配件,變身髮夾或髮飾,也一樣漂亮。

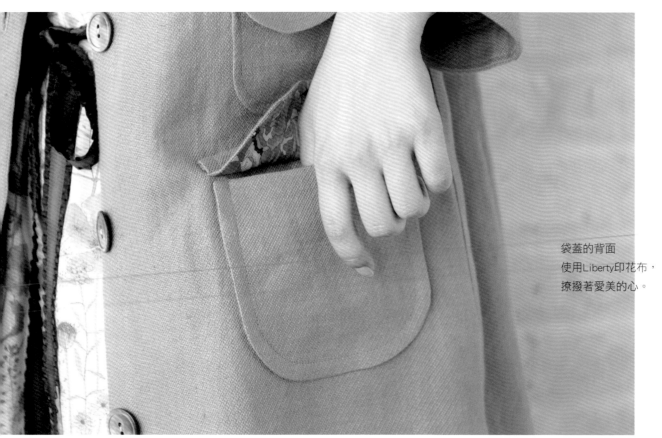

袋蓋的背面
使用Liberty印花布,
撩撥著愛美的心。

warp & woof restriction of output品牌的衣服，是以簡單的技巧呈現華美的設計。設計師在縫製商品的過程中，因為追求效率與漂亮工整而練就的手法，以下會介紹其中一部分。舉例來說，車縫完成線時固定珠針的方法，既可防止錯位也能達到車縫的安全性，不必擔心會帶給縫紉機負擔。請不要拘泥於裁縫的常識，盡情發揮想像力，享受手作的樂趣。

↑
B珠針

① 製作荷葉邊

1.在荷葉邊的布邊進行裝飾車縫

在距布邊0.3cm的位置進行Z字形車縫。Z字縫右側的尖角是從布放下車針的位置車縫。

technique

一般的針腳 / 放下車針車縫的針腳

▲放下縫紉機的車針車縫，布邊會出現微捲的滾邊。

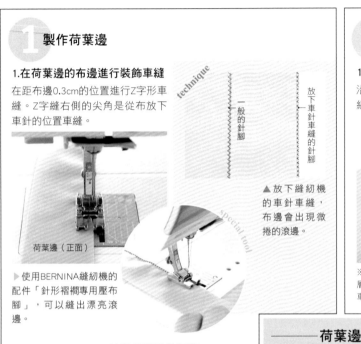

荷葉邊（正面）

special tool

▶使用BERNINA縫紉機的配件「針形褶襉專用壓布腳」，可以縫出漂亮滾邊。

2.抽拉荷葉邊的細褶

以粗針目車縫兩道。始縫與止縫的線頭皆預留10cm長。同時抽拉兩條下線直到縮至大約一半長。

0.3cm
（正面）

↓

special tool

◀使用BERNINA縫紉機的配件「針形褶襉專用壓布腳」，可直接車出細褶。

3.以熨斗整燙細褶

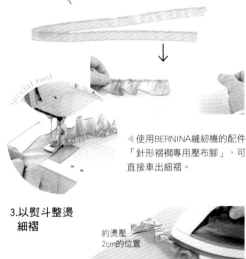

約燙壓2cm的位置

② 將荷葉邊接縫於衣身

1.接縫第一層荷葉邊

沿著領圍疊上荷葉邊，再於細褶的針腳上重覆車縫。

2.縫份進行拷克

將拷克機的差動比設定在1.2（略縮）車縫，就不會拉開布邊的細褶，縫得工整漂亮。

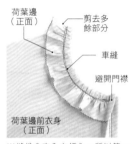

荷葉邊（正面）
剪去多餘部分
車縫
避開門襟
荷葉邊前衣身（正面）

※縫份會夾入衣領內，所以第一層荷葉邊的縫份不需要進行Z字形車縫。

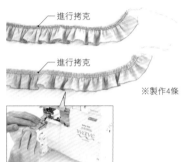

進行拷克
進行拷克
※製作4條

3.接縫二至五層荷葉邊

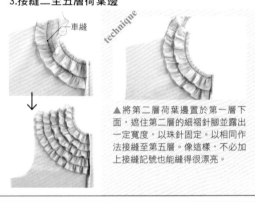

車縫

technique

↓

▲將第二層荷葉邊置於第一層下面，遮住第二層的細褶針腳並露出一定寬度，以珠針固定。以相同作法接縫至第五層。像這樣，不必加上接縫記號也能縫得很漂亮。

荷葉邊

P.23 ⑭

裁布圖與其餘的製作步驟在*P.76*

不必受布紋是縱向或橫向的約束，車縫成蓬鬆狀的荷葉邊。這裡示範的布邊裝飾縫，是在車縫精梳棉布時發現的技巧。雖然是門檻較高的多層次荷葉邊，也能不費力的製作。
---

③ 車縫門襟

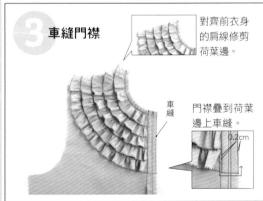

對齊前衣身的肩線修剪荷葉邊。

車縫

門襟疊到荷葉邊上車縫。

0.2cm

① 車縫肩線

1.重疊前衣身與後衣身車縫

前衣身與後衣身正面相對疊合車縫。重疊兩片縫份進行Z字形車縫。

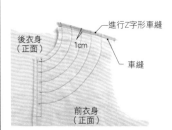

2.以熨斗燙開縫份

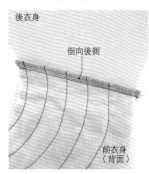

② 以珠針固定袖子與衣身

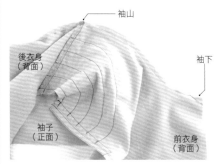

1.固定袖山與袖下

袖子與衣身正面相對疊合，以珠針固定袖山與袖下。

point
因為是等車縫至身前才拔下珠針，所以將珠針的針尖朝向始縫處別上（後衣身的袖上）。

2.以珠針依序由袖山固定至袖下

準確對齊衣身與袖子，固定車縫位置。

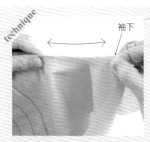

◀接近袖下的地方，衣身與袖子的布都是斜紋，會伸展。當袖子與衣身的尺寸不同時，將兩片重疊拉至同大小，再以珠針固定，這樣就能漂亮縫合。

③ 車縫袖山

1.車縫袖山

以縫紉機車縫，重疊兩片縫份進行Z字形車縫。

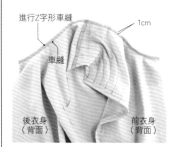

2.以熨斗燙開縫份

縫份倒向袖側，熨燙整理。

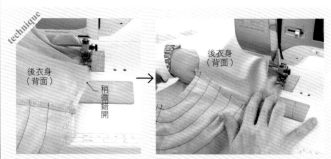

▲車到袖山的彎弧部分時，一拔下珠針，布端就會立刻移位。左手放入衣身下面將袖山往左拉，以右手將衣身往袖山靠近車縫，這樣布邊就容易對齊。

── 接縫袖子 ──

P.23 ⑭

裁布圖與其餘的製作步驟在 *P.76*

接縫袖子是不同曲線的縫合，屬於比較困難的作業。袖子不整理成筒狀，平平的接縫可以防止失敗。本書的作品都是衣身的袖襱與袖山同尺寸，但要接縫仍不容易，請務必掌握對應的方法。

④ 車縫袖下至脇邊線

1.重疊前衣身與後衣身車縫

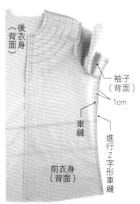

前衣身與後衣身，及前袖與後袖分別正面相對疊合，從袖口車縫至下襬。重疊兩片縫份進行Z字形車縫。

2. 燙開縫份

縫份倒向後側，以熨斗自正面整燙。

① 製作門襟

1.重疊前衣身與後衣身車縫

5cm寬
黏著襯

前衣身
（正面）

以熨斗將黏著襯燙貼於前衣身的背面。

technique
接縫與門襟同寬的縫份，貼上等於門襟×2寬度的黏著襯，就能沿著黏著襯摺疊布端，不必作記號也可摺出所需寬度的門襟。

2.摺疊門襟的縫份

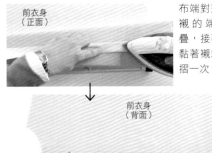

前衣身
（正面）

布端對齊黏著襯的端部摺疊，接著對齊黏著襯端部再摺一次。

前衣身
（背面）

以相同寬度再摺一次

3.車縫

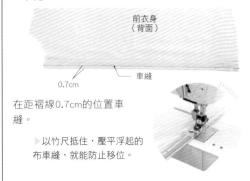

前衣身
（背面）

0.7cm　車縫

在距褶線0.7cm的位置車縫。

▶以竹尺抵住，壓平浮起的布車縫，就能防止移位。

4.燙開縫份

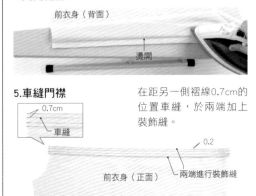

前衣身（背面）

燙開

5.車縫門襟

0.7cm
車縫

在距另一側褶線0.7cm的位置車縫，於兩端加上裝飾縫。

0.2

前衣身（正面）

兩端進行裝飾縫

接縫門襟 & 衣領

P.6 ②

裁布圖與其餘的製作步驟在 *P.53*

可大幅減少「車縫→翻面」步驟的接縫門襟與衣領技巧。如褶襉般車縫門襟，完全像是另外作好再加以接縫。配合要摺疊出的細長門襟寬度來設定黏著襯的寬度。這種作法可在後續一連串作業中發揮很大的功能。

---

② 製作衣領

0.6cm
0.3cm

1.縫合表領與裡領

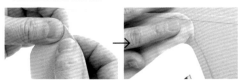

1cm
裡領（背面）　車縫

表領與裡領正面相對疊合車縫，修剪縫份。

2.翻至正面整理形狀

翻至正面搓揉針腳，從裡領側整燙，裡領稍微內縮熨燙。

3.車縫

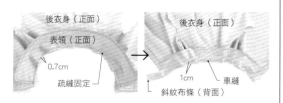

0.9cm
表領（背面）
車縫

---

③ 接縫衣領與斜紋布條

1.將衣領與斜紋布條接縫於衣身

衣領疊至衣身，疏縫固定於領圍。再疊上斜紋布條車縫。

後衣身（正面）
表領（正面）
0.7cm
疏縫固定

後衣身（正面）
1cm　車縫
斜紋布條（背面）

摺疊斜紋布條

（正面）

燙開

前衣身（背面）

對齊針腳摺疊

3.在縫份剪牙口

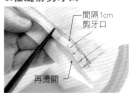

間隔1cm
剪牙口

再燙開

4.以斜紋布條包覆縫份車縫

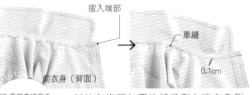

摺入端部

車縫

前衣身（背面）

0.1cm

因為是等車縫至身前才拔除珠針，所以將珠針的針尖朝向始縫處固定。

斜紋布條所包覆的縫份倒向後衣身側，以珠針固定。從斜紋布條的一端車縫至另一端。

① 車縫第一條褶襉

1.在第一條褶襉的褶線位置作記號

建議使用可清楚作記號又不需要加以清除的骨筆。

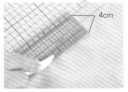

使用方眼尺與骨筆在距前端4cm處作記號。

2.以熨斗整燙記號的位置

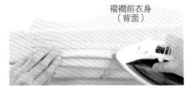

將1作的記號燙壓成褶線。

3.車縫

車縫距褶線0.7cm的位置。

以竹尺抵住壓平浮起的布可避免移位。

4.以熨斗熨燙褶襉

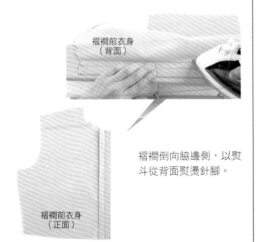

褶襉倒向脇邊側,以熨斗從背面熨燙針腳。

波形褶襉

P.21 ⑫

裁布圖與其餘的製作步驟在 P.72

容易出現誤差的細褶襉,避免誤差太過明顯的祕訣,是不要信任自己的手感。一條條量好再車縫,任何人都能縫出漂亮褶襉。調整心情,接受的作業就是必須花時間。

---

② 車縫第二至五條褶襉

1.在第二條褶襉要摺疊的位置作記號

在距第一條褶襉1cm的位置作記號。

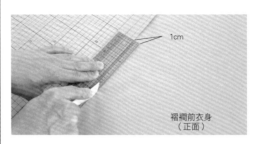

2.車縫四條褶襉

比照第一條褶襉的作法摺疊車縫第二條褶襉,再依序車縫第三至五條。

---

③ 製作波形褶襉

1. 在車縫的位置作記號

以骨筆在紙型的壓縫位置作記號。

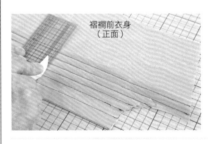

2.車縫固定褶襉

車縫第一‧三‧五條褶襉的記號,並疏縫固定上下的縫份。

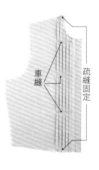

3.褶襉倒向另一側車縫

2的車縫記號是將褶襉倒向另一側,以手按住車縫。

① 四摺前開口斜布條

1.對摺

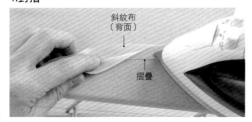

斜紋布
（背面）

摺疊

2.布端對齊褶痕摺疊

再將布攤開，上下側對齊1的褶痕摺疊。

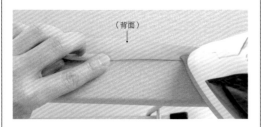

（背面）

3.1的褶痕再摺起來

（正面）

1的褶痕

── 滾邊 ──

P.33 **21**

裁布圖與其餘的製作步驟在*P.86*

相同布料的滾邊是摺疊斜紋布包覆車縫，也是要比較仔細用心的作業。善用一點技巧，既可減省步驟又能漂亮滾邊。掌握技巧後，就能便利的在不添購材料下製作重點裝飾。

technique ──
斜紋布摺好後以蒸氣熨斗熨燙，再以乾熨斗充分燙乾水分，可精準摺疊斜紋布，好縫又工整。

---

③ 車縫下層的滾邊與綁帶

1.僅限綁帶的一端摺疊1cm

（背面）

摺疊1cm

下層的斜紋布僅單側摺疊1cm。跟①相同摺四褶。

2.下層領圍接縫斜紋布

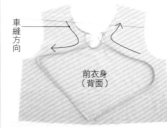

車縫方向

前衣身
（背面）

point
通常是將有較多布的部分轉向壓布腳的右側再放上機器車縫。這樣一來，壓布腳左側就不會塞太多布而可以順利車縫。

3.對齊衣身形狀修剪

配合前衣身的形狀修剪斜紋布的邊角。

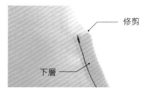

修剪

下層

---

② 前開口進行滾邊

1.以珠針固定斜布條

以斜布條包夾衣身，以珠針固定車縫位置。

前開口用斜布條

始縫處

前衣身（正面）

等縫至身前才拔下珠針，所以將珠針的針尖朝向始縫處別上。

3.修剪多餘的斜布條

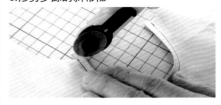

2.車縫

衣身的正面朝上，一邊拔下珠針一邊車縫。因為斜布條摺得很精準，在裡側也不會脫落，裡外都能車縫在同一個位置。

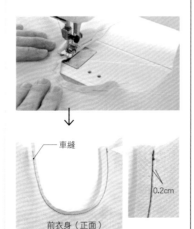

車縫

0.2cm

前衣身（正面）

---

④ 車縫上層的滾邊與綁帶

1.縫合兩片斜紋布

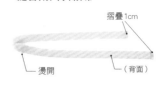

摺疊1cm

燙開

（背面）

接合處當成後中心。兩端摺疊1cm，比照①的作法摺四褶。

2.接縫上排領圍與斜紋布

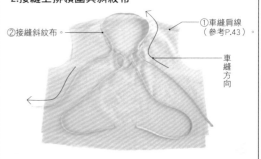

②接縫斜紋布。

①車縫肩線
（參考P.43）。

車縫方向

1 縫合裡布與表布

1.表口袋貼上黏著襯

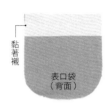

黏著襯

表口袋
（背面）

在口袋口的縫份貼上黏著襯。

▶在縫紉機的構造上，送齒是下面的布會比上面的布多送一點布。為防止移位，在縫合不同厚度的布時，務必將有厚度的布置於下面車縫。

2.縫合表袋蓋與裡袋蓋

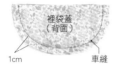

裡袋蓋
（背面）

1cm   車縫

正面相對疊合車縫。

3.縫合裡口袋與表口袋

車縫   1cm
4cm
裡口袋
（背面）
表口袋
（正面）

裡口袋
（正面）
燙開（縫份倒向上方）

▲預留返口後縫合再燙開。

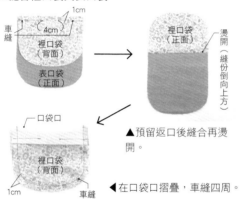

口袋口
裡口袋
（背面）
1cm   車縫

◀在口袋口摺疊，車縫四周。

---

2 修剪縫份

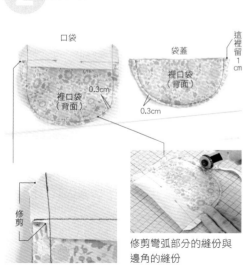

口袋
裡口袋
（背面）
0.3cm

袋蓋
裡口袋
（背面）
0.3cm

這裡留1cm

修剪

修剪彎弧部分的縫份與邊角的縫份

口袋

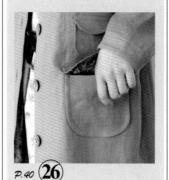

P.40 **26**

裁布圖與其餘的製作步驟在 *P.94*

接縫裡布並不困難。以圓弧狀的口袋為例，與裡布縫合再翻至正面，就會呈現漂亮的曲線，相較於只是摺疊縫份，可以更簡單的製作彎弧曲線。加上粗針目壓縫，享受裡布圖案若隱若現的時尚。

3.車縫返口
以藏針縫縫合。

4.車縫袋蓋
疏縫固定上端。加上圓弧曲線的裝飾縫。

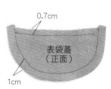

0.7cm
表袋蓋
（正面）
1cm

---

3 翻至正面

1.口袋翻至正面

從返口翻至正面，整理出漂亮邊角。

◀建議使用鈍尖頭的鑷子來整理口袋邊角。而且不是將布拉出，而是以擠壓方式推出邊角，可避免傷到布。

2.以熨斗整燙
裡布稍微內縮，以熨斗整燙。

口袋

袋蓋

---

4 將口袋與袋蓋接縫於前衣身

1. 在前衣身作記號
以粉土筆在要接縫袋蓋的兩端與口袋上方的角畫點作記號。

袋蓋上方的角
口袋上方的角
前衣身（正面）

2.以珠針固定車縫

裡袋蓋
（正面）
記號位置
表口袋
（正面）

等縫至身前才會拔下珠針，所以將珠針的針尖朝向始縫處針上。

在記號點對齊袋蓋與口袋。

剪掉袋蓋邊角的縫份

剪掉

車縫
1cm
1cm

一邊拔下珠針一邊車縫。

3.袋蓋倒向下側車縫

車縫
1cm
倒向下側

袋蓋自針腳向下摺疊車縫。

我愛用的裁縫工具
My Favourite Sewing Goods

不管是教授裁縫或在工作室，裁縫工具都不離身。
基於長久的使用經驗，好用度可以掛保證，提供大家參考。

Rorets燙衣板

瑞典Rorets公司的袖用燙板。板面長，能長距離的一次熨燙，而不需要分次。加上燙板偏硬，能平整又漂亮的燙開縫份，可摺疊收納這一點也很不錯。除了最後的完成整理之外，其他作業有這一台就夠用了。

Clover拆線器

平狀握把抓起來順手。能輕鬆拆線，前端附的刀刃也可整齊將線剪斷。

※拆線器／（株）Clover

骨筆

可以清楚標示記號，十分推薦。相較於粉土，也不需要花時間消除記號。

日本製竹尺

用來將接近壓布腳的布壓平的祕密武器。平的那一面服貼指腹，很好用。與其說當尺用，更常拿來當壓布的工具。

OLFA輪刀

正確使用輪刀來裁布，會比布用剪刀裁剪得更工整。平狀握把抓起來順手，再搭配切割墊使用。

baby lock
彎頭鑷子

一般最常作為拷克機的穿線工具。我喜歡以它來代替錐子，挑出口袋或衣領的漂亮邊角。

FUJIX車縫線

從Liberty的Tana精梳棉布開始，多半是車縫薄布料，所以使用SchappaSpun的90號線。顏色豐富，可配合布料作選擇。

※SchappaSpun＃90／（株）FUJIX

穿繩器

快速穿入繩帶或鬆緊帶的便利工具，長短各準備一支，分開使用。

※快速穿繩器／（株）Clover

花梅印圖案
紗剪

小巧，比起布用剪刀，更適合剪線。車縫時一定會擺在手邊。

針插

利用瓶蓋自製小針插，方便隨身攜帶。

毛線針

用於整理Z字形車縫後的線頭。

Clover開釦眼器

使用拆線器或剪刀來開釦眼，有時洞孔會剪得太大。改用這個開釦眼器，輕鬆就能作出整齊又漂亮的釦眼。

※N開釦眼器12mm／（株）Clover

BERNINA垂直式
半迴轉梭床縫紉機

展現垂直半迴轉梭床特有的漂亮工整針腳。雖是家庭用，仍擁有一定的power，厚布或皮革等一樣車得很整齊。有80種以上可簡單更換的壓布腳，不論是細褶或針形褶襇都能輕鬆製作。

※BERNINA（B350）／（株）BERNINA

開始縫製之前

整理布紋

以熨斗拉正布料的經線與緯線。先在布的一角以蒸氣熨燙。
若確定不會殘留水漬等問題，再整片以蒸氣熨燙，效果更好。至於日後會頻繁水洗的作品，
若擔心縮水，可將布以水浸泡一晚後陰乾，以熨斗整燙再開始縫製。

尺寸

比對裸身的尺寸與下表的尺寸，確認作法中的完成尺寸，再依此選擇紙型的尺寸。

	胸圍	腰圍	臀圍	背長	袖長	身高
S	78	60	84.5	37	50.5	154
M	83	64	90	38	52	158
L	87	69	94.5	39	53.5	162
LL	90	72	98	40	55	166

完成尺寸

作法中所記載的完成尺寸，是如下圖測量作品。

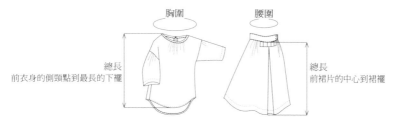

胸圍　　　腰圍

總長
前衣身的側頸點到最長的下襬

總長
前裙片的中心到裙襬

紙型

附錄的原寸紙型皆不含縫份。以牛皮紙（或透明薄紙）複寫紙型上的線，
再參照作法的裁布圖加上縫份後裁剪。

黏著襯

使用薄型的針織襯，門襟用襯依裁布圖記載的尺寸裁剪。
橫向裁剪較不浪費黏著襯。使用輪刀等工具裁剪正確寬度，作為摺疊門襟或前端縫份的依據。

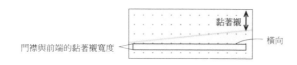

黏著襯

橫向

門襟與前端的黏著襯寬度

鈕眼

根據紙型的鈕眼位置與使用的鈕釦大小，決定鈕眼的位置與尺寸。

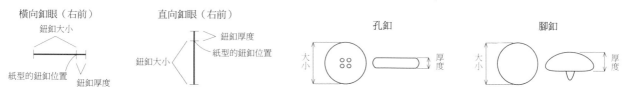

橫向鈕眼（右前）
鈕釦大小
紙型的鈕釦位置　鈕釦厚度

直向鈕眼（右前）
鈕釦厚度
紙型的鈕釦位置
鈕釦大小

孔釦
大小　厚度

腳釦
大小　厚度

P.5 ①

鈕釦領小包袖連身裙

原寸紙型A面

使用紙型8張

A 前衣身	A 袖子
A 後衣身	A 胸前口袋
A 剪接	A 前裙片
A 衣領	A 後裙片

完成尺寸

・總長 S 104.5/M 107.5/L 110.5/LL 113cm
・胸圍 S 103.5/M 110.5/L 115.5/LL 120.5cm

材料

・表布（精梳棉布 Liberty印花布）
　寬110cm S 310/M 320/L 330/LL 340cm
・黏著襯90×40cm
・1.2cm鈕釦16個
・寬2cm鬆緊帶　S 33/M 35/L 37/LL 38cm 2 條
・寬1cm鬆緊帶　S 72/M 76/L 80/LL 83cm 1 條

製作順序

4. 製作衣領&接縫（參考P.44）

5. 製作袖子&接縫

2. 製作口袋&接縫

9. 開釦眼&縫上鈕釦

3. 縫合剪接與衣身

1. 車縫門襟

6. 車縫脇邊線

8. 縫合衣身與裙片

10. 製作腰繩
　（參考P.61的11）

7. 製作裙片

Front

Back

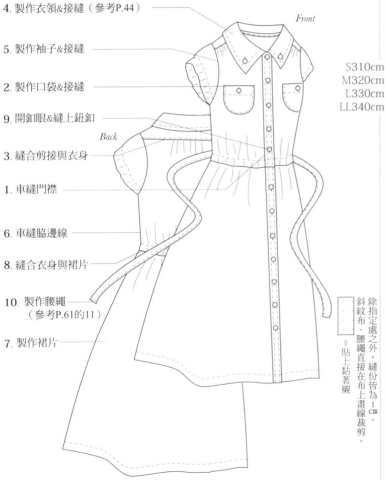

表布的裁布圖

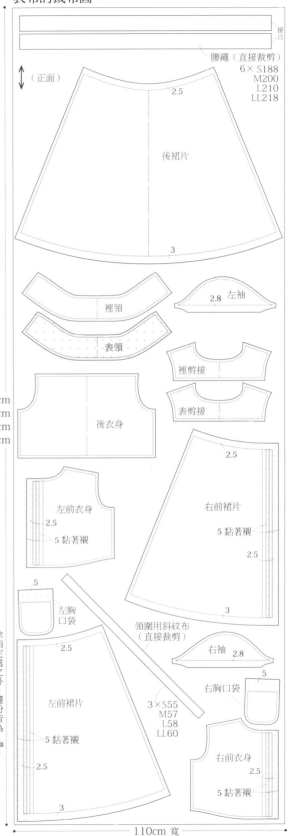

（正面）

腰繩（直接裁剪）
6 × S188
M200
L210
LL218

後裙片

2.5

3

裡領

表領

2.8　左袖

裡剪接

表剪接

後衣身

S310cm
M320cm
L330cm
LL340cm

左前衣身

2.5

5 黏著襯

右前裙片

2.5

2.5

3

左胸口袋

5

領圍用斜紋布
（直接裁剪）

右袖　2.8

右胸口袋　5

左前裙片

3 × S55
M57
L58
LL60

5 黏著襯

2.5

3

右前衣身

2.5

5 黏著襯

= 貼上黏著襯

除指定處之外，縫份皆為1cm。
斜紋布、腰繩直接在布上畫線裁剪。

110cm 寬

50

作法

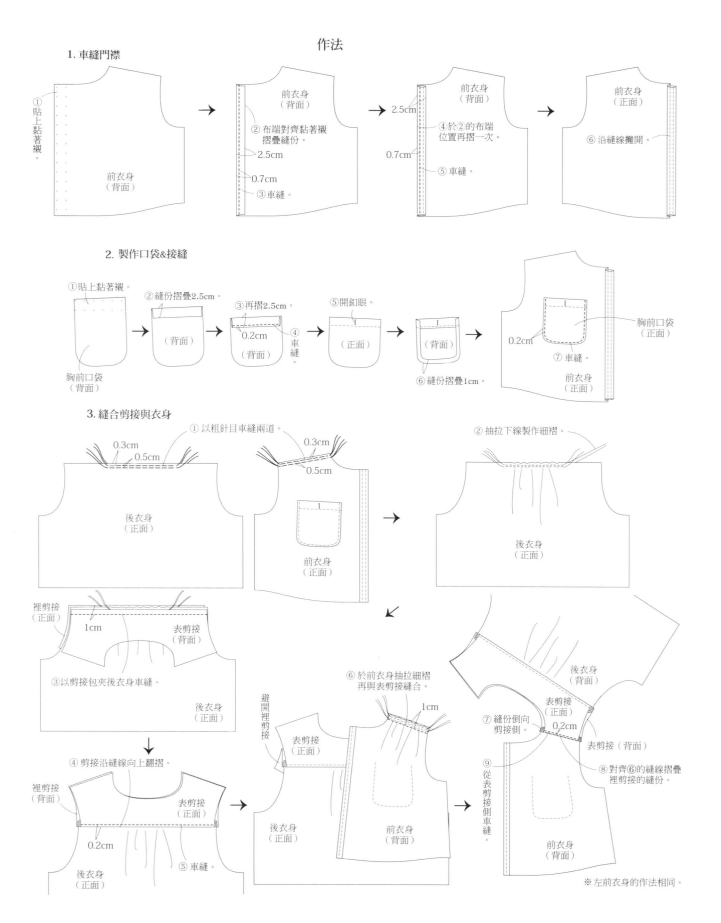

1. 車縫門襟

① 貼上黏著襯。

前衣身（背面）

② 布端對齊黏著襯摺疊縫份。
2.5cm
0.7cm
③ 車縫。

前衣身（背面）

2.5cm
④ 於②的布端位置再摺一次。
0.7cm
⑤ 車縫。

前衣身（正面）

⑥ 沿縫線攤開。

2. 製作口袋&接縫

① 貼上黏著襯。

胸前口袋（背面）

② 縫份摺疊2.5cm。

（背面）

③ 再摺2.5cm。
0.2cm
④ 車縫

（背面）

⑤ 開釦眼。

（正面）

⑥ 縫份摺疊1cm。

（背面）

0.2cm
⑦ 車縫。
胸前口袋（正面）
前衣身（正面）

3. 縫合剪接與衣身

① 以粗針目車縫兩道。
0.3cm
0.5cm
0.3cm
0.5cm

後衣身（正面）

前衣身（正面）

② 抽拉下線製作細褶。

後衣身（正面）

裡剪接（正面）
1cm
表剪接（背面）

③ 以剪接包夾後衣身車縫。

後衣身（正面）

④ 剪接沿縫線向上翻摺。

裡剪接（背面）
表剪接（正面）
0.2cm
後衣身（正面）
⑤ 車縫。

避開裡剪接
表剪接（正面）
⑥ 於前衣身抽拉細褶再與表剪接縫合。
1cm

後衣身（正面）
前衣身（背面）

後衣身（背面）
表剪接（正面）
0.2cm
表剪接（背面）
⑦ 縫份倒向剪接側。
⑧ 對齊⑥的縫線摺疊裡剪接的縫份。
⑨ 從表剪接側車縫。

前衣身（背面）

※ 左前衣身的作法相同。

51

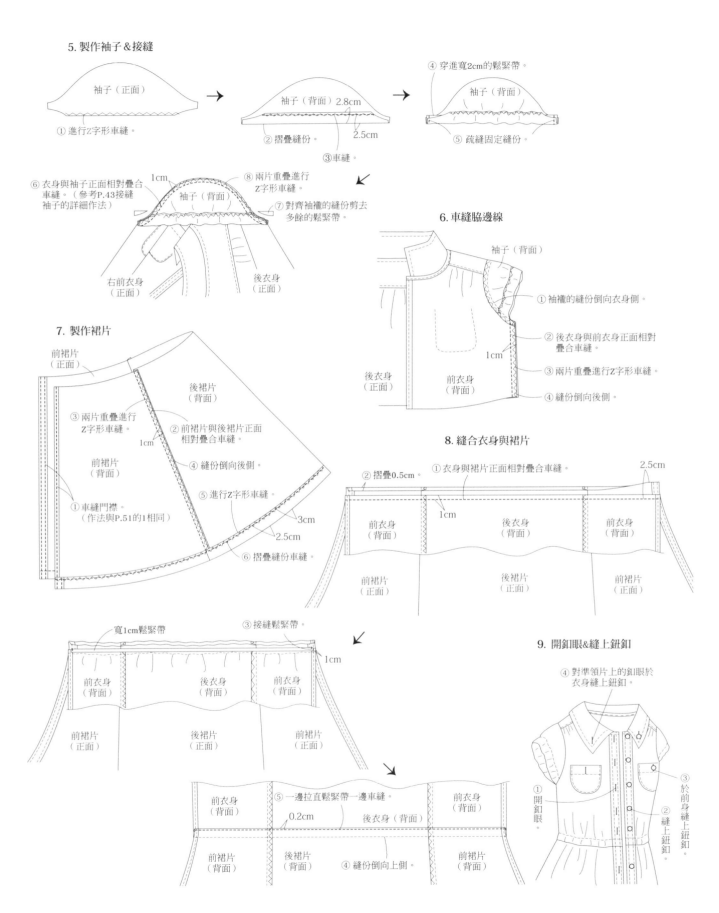

5. 製作袖子＆接縫

袖子（正面）
① 進行Z字形車縫。

袖子（背面）2.8cm
② 摺疊縫份。
③ 車縫。
2.5cm

④ 穿進寬2cm的鬆緊帶。
袖子（背面）
⑤ 疏縫固定縫份。

⑥ 衣身與袖子正面相對疊合車縫。（參考P.43接縫袖子的詳細作法）
1cm
袖子（背面）
⑧ 兩片重疊進行Z字形車縫。
⑦ 對齊袖襱的縫份剪去多餘的鬆緊帶。
右前衣身（正面）
後衣身（正面）

6. 車縫脇邊線

袖子（背面）
① 袖襱的縫份倒向衣身側。
② 後衣身與前衣身正面相對疊合車縫。
1cm
③ 兩片重疊進行Z字形車縫。
④ 縫份倒向後側。
後衣身（正面）
前衣身（背面）

7. 製作裙片

前裙片（正面）
後裙片（背面）
③ 兩片重疊進行Z字形車縫。
1cm
② 前裙片與後裙片正面相對疊合車縫。
前裙片（背面）
④ 縫份倒向後側。
⑤ 進行Z字形車縫。
① 車縫門襟。（作法與P.51的1相同）
3cm
2.5cm
⑥ 摺疊縫份車縫。

8. 縫合衣身與裙片

② 摺疊0.5cm。
① 衣身與裙片正面相對疊合車縫。
2.5cm
前衣身（背面）
1cm
後衣身（背面）
前衣身（背面）
前裙片（正面）
後裙片（正面）
前裙片（正面）

寬1cm鬆緊帶
③ 接縫鬆緊帶。
1cm
前衣身（背面）
後衣身（背面）
前衣身（背面）
前裙片（正面）
後裙片（正面）
前裙片（正面）

⑤ 一邊拉直鬆緊帶一邊車縫。
前衣身（背面）
0.2cm
後衣身（背面）
前衣身（背面）
④ 縫份倒向上側。
前裙片（背面）
後裙片（背面）
前裙片（背面）

9. 開釦眼＆縫上鈕釦

④ 對準領片上的釦眼於衣身縫上鈕釦。
① 開釦眼。
② 縫上鈕釦。
③ 於前身縫上鈕釦。

P.6 ② 鈕釦領小包袖上衣

原寸紙型A面

使用紙型5張

A 前衣身	A 剪接
A 後衣身	
A 袖子	
A 領片	

完成尺寸

・總長 S 59/M 60.5/L 62/LL 63.5cm
・胸圍 S 103.5/M 110.5/L 115.5/LL 120.5cm

材料

・表布（精梳棉布 Liberty印花布）
　寬110cm　S 170/M 180/L 190/LL 200cm
・黏著襯 90×30cm
・1.2cm鈕釦9個
・寬2cm鬆緊帶 S 33/M 35/L 37/LL 38cm 2 條

製作順序

3. 製作衣領&接縫
　（參考P.44）

2. 縫合剪接與衣身
　（參考P.51的3）

4. 製作袖子&接縫
　（參考P.52的5）

1. 車縫門襟
　（參考P.44）

5. 車縫脇邊線
　（參考P.52的6）

7. 開釦眼&縫上鈕釦
　（參考P.52的9）

6. 車縫下襬線

Front

Back

衣身（背面）

0.2cm
③車縫。
①摺疊0.7cm。
②摺疊0.8cm。

表布的裁布圖

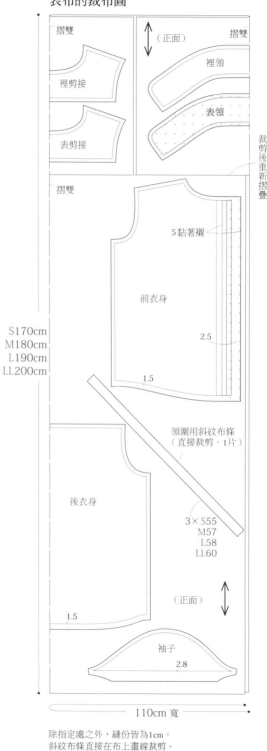

摺雙
裡剪接
表剪接

（正面）
摺雙
裡領
表領

裁剪後重新摺疊

摺雙

5黏著襯
前衣身
2.5
1.5

S170cm
M180cm
L190cm
LL200cm

領圍用斜紋布條
（直接裁剪・1片）

後衣身

3×S55
M57
L58
LL60

（正面）

1.5

袖子
2.8

110cm 寬

除指定處之外，縫份皆為1cm。
斜紋布條直接在布上畫線裁剪。
⬚ = 貼上黏著襯

P.7 ③

長袖連帽罩衫

原寸紙型A面

使用紙型11張

A 前衣身	A 袖口貼邊	A 前傘狀剪接布
A 後衣身	A 連身帽	A 後傘狀剪接布
A 剪接	A 小口袋	A 貼邊
A 袖子	A 大口袋	

完成尺寸
· 總長 S 69/M71/L 73/LL 74.5cm
· 胸圍 S 103.5/M 110.5/L 115.5/LL 120.5cm

材料
· 表布（60S 蕾絲精梳棉布）
　寬106cm　S 260/M 270/L 300/LL 310cm
· 黏著襯10×10cm
· 拉鍊 S 54/M 55 5/L 57.5/LL 59cm1 條
· 寬3cm鬆緊帶 S 21/M 24/L 25/LL 26cm 2 條
· 寬1cm鬆緊帶 S 75/M 80/L 84/LL 87cm 1 條

製作順序

10. 製作連身帽&接縫
1. 縫合剪接與衣身（參考P.51的3）
8. 接縫拉鍊與貼邊
3. 接縫袖子（參考P.43）
5. 製作口袋&接縫
4. 車縫衣身的脇邊線與
　 袖下&車縫袖口
7. 縫合衣身與傘狀剪接布
　 （參考P.52的8）
2. 袖子接縫袖口貼邊
6. 製作傘狀剪接布
9. 車縫下襬線

Front

Back

表布的裁布圖

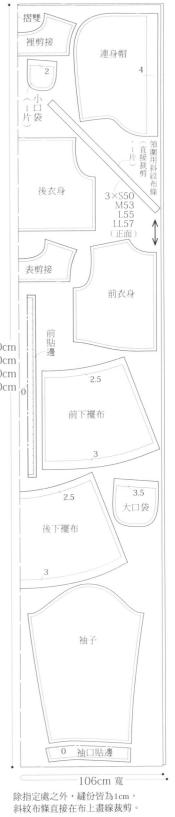

摺雙
裡剪接
2
連身帽　4
小口袋
（一片）
後衣身
領圍用斜紋布條
（直接裁剪）
3×S50
M53
L55
LL57
（正面）
表剪接
前衣身
前貼邊
S260cm
M270cm
L300cm
LL310cm
0
前下襬布
2.5
3
2.5
後下襬布
3.5
大口袋
3
袖子
0　袖口貼邊

106cm 寬

除指定處之外，縫份皆為1cm。
斜紋布條直接在布上畫線裁剪。

⬚···· ＝貼上黏著襯

54

作法

2. 袖子接縫袖口貼邊

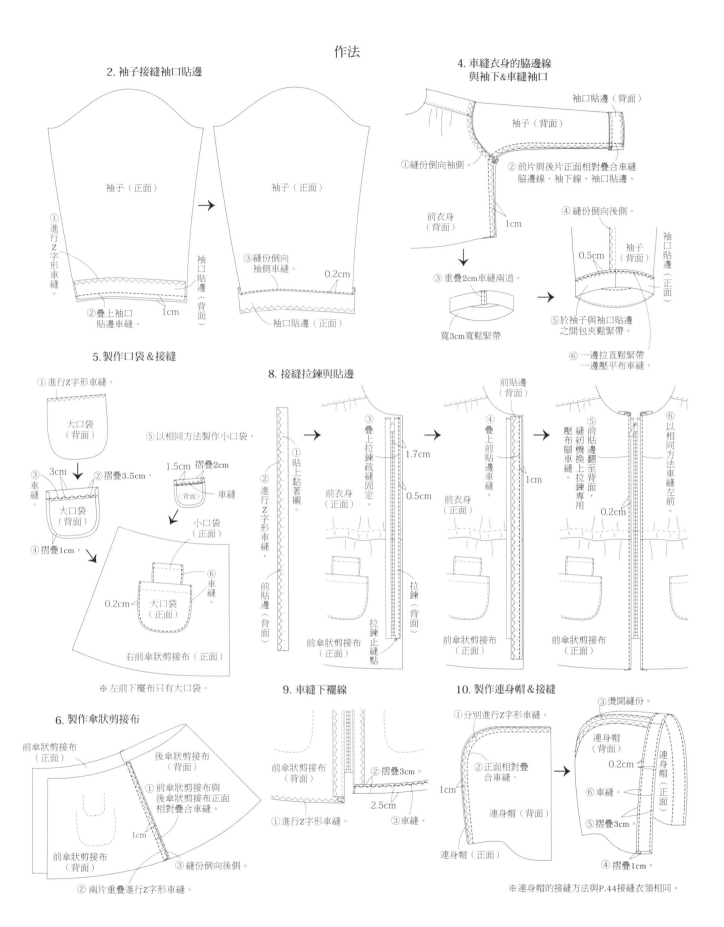

袖子（正面）

①進行Z字形車縫。

②疊上袖口貼邊車縫。

袖口貼邊（背面）

1cm

袖子（正面）

③縫份倒向袖側車縫。

袖口貼邊（背面）

0.2cm

袖口貼邊（正面）

4. 車縫衣身的脇邊線與袖下＆車縫袖口

袖口貼邊（背面）

袖子（背面）

①縫份倒向袖側。

②前片與後片正面相對疊合車縫脇邊線・袖下線・袖口貼邊。

前衣身（背面）

1cm

④縫份倒向後側。

0.5cm

袖子（背面）

袖口貼邊（正面）

③重疊2cm車縫兩道。

寬3cm寬鬆緊帶

⑤於袖子與袖口貼邊之間包夾鬆緊帶。

⑥一邊拉直鬆緊帶一邊壓平布車縫。

5. 製作口袋＆接縫

①進行Z字形車縫。

大口袋（背面）

⑤以相同方法製作小口袋。

③車縫

3cm ②摺疊3.5cm。

大口袋（背面）

④摺疊1cm。

1.5cm 摺疊2cm

車縫

（背面）

小口袋（正面）

⑥車縫

0.2cm

大口袋（正面）

右前傘狀剪接布（正面）

※左前下襬布只有大口袋。

8. 接縫拉鍊與貼邊

①貼上黏著襯。

②進行Z字形車縫。

前貼邊（背面）

③疊上拉鍊疏縫固定。

1.7cm

0.5cm

前衣身（正面）

拉鍊（背面）

前傘狀剪接布（正面）

拉鍊止縫點

④疊上前貼邊車縫。

前衣身（正面）

前貼邊（背面）

1cm

前傘狀剪接布（正面）

⑤前貼邊翻至背面，縫紉機換上拉鍊專用壓布腳車縫。

⑥以相同方法車縫左前。

0.2cm

前貼邊（背面）

前傘狀剪接布（正面）

6. 製作傘狀剪接布

前傘狀剪接布（正面）

後傘狀剪接布（背面）

①前傘狀剪接布與後傘狀剪接布正面相對疊合車縫。

前傘狀剪接布（背面）

1cm

③縫份倒向後側。

②兩片重疊進行Z字形車縫。

9. 車縫下襬線

前傘狀剪接布（背面）

②摺疊3cm。

2.5cm

①進行Z字形車縫。

③車縫。

10. 製作連身帽＆接縫

①分別進行Z字形車縫。

②正面相對疊合車縫。

1cm

連身帽（正面）

③燙開縫份。

連身帽（背面）

0.2cm

連身帽（正面）

⑥車縫。

⑤摺疊3cm

連身帽（背面）

④摺疊1cm

※連身帽的接縫方法與P.44接縫衣領相同。

P.9 ④

抽縐七分袖上衣

原寸紙型A面

使用紙型5張

B 前衣身	B 袖口貼邊
B 後衣身	
B 後襬剪接布	
B 袖子	

完成尺寸
・衣長 S 60/M 61.5/L 63/LL 65cm
・胸圍 S 110.5/M117.5/L 124/LL 128.5cm

材料
・表布（天絲精梳棉布 Liberty印花布）
　寬108cm S 160/M 170/L 180/LL 190cm
・黏著襯90×10cm
・1.2cm包釦1個
※以表布製作包釦。

製作順序

1. 製作釦環
6. 領圍滾邊
4. 前衣身抽細褶
8. 接縫袖子（參考P.43）
7. 袖子接縫袖口貼邊
9. 車縫袖下至脇邊線＆
　 車縫袖口
5. 車縫肩線（參考P.43）
11. 縫上紐釦
2. 後開口滾邊
　（參考P.46）
3. 製作後襬剪接布
　 接縫於後衣身
10. 車縫下襬線

Front

Back

表布的裁布圖

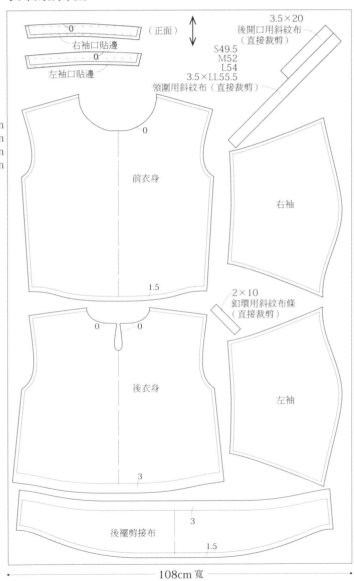

（正面）

右袖口貼邊
0

左袖口貼邊
0

3.5×20
後開口用斜紋布
（直接裁剪）

S49.5
M52
L54
3.5×LL55.5
領圍用斜紋布（直接裁剪）

S160cm
M170cm
L180cm
LL190cm

前衣身
0
1.5

右袖

後衣身
0　0
3

2×10
釦環用斜紋布條
（直接裁剪）

左袖

後襬剪接布
3
1.5

108cm寬

除指定處之外，縫份皆為1cm。
斜紋布條直接在布上畫線裁剪。

▢‥‥＝貼上黏著襯

56

作法

1. 製作釦環

②車縫
0.3cm
③修剪。
0.5cm
（背面）
①對摺
0.3cm
④始縫結。
（背面）
⑤由針孔端穿進筒狀布環。
（正面）
（正面）
⑥剪至6cm長。

3. 製作後襬剪接布接縫於後衣身

後衣身（背面）
①摺疊3cm。

②以粗針目車縫兩道。
0.5cm 0.3cm
後襬剪接布（背面）

⑥兩片重疊進行Z字形車縫。
1cm
③攤開後衣身的褶痕。
④一起抽拉兩條下線製作細褶再與後衣身疊合。
後襬剪接布（背面）
後衣身（正面）
⑤車縫

後衣身（正面）
⑦沿著①的褶痕摺疊。
2cm
⑧車縫。
後襬剪接布

4. 前衣身抽細褶

①以粗針目車縫兩道。
0.3cm
前衣身（正面）
0.3cm
細褶止點

前衣身（正面）
②一起抽拉兩條下線製作S10.2的細褶。
M11
L11.4
LL11.8

6. 領圍滾邊

後衣身（正面）
1.5cm
①疏縫固定釦環。

後衣身（正面）
②以斜紋布條滾邊（參考P.46）。

7. 袖子接縫袖口貼邊

①以粗針目車縫兩道。
0.3cm
0.5cm
細褶止點
袖子（正面）
③進行Z字形車縫。
②貼上黏著襯。
④疊上袖口貼邊車縫。
1cm
袖口貼邊（背面）

袖子（正面）
袖口貼邊（正面）
⑤縫份倒向下側。

9. 車縫袖下至脇邊線＆車縫袖口

袖口貼邊（背面）
袖子（背面）
車縫袖下直到貼邊為止（參考P.43）
①縫份倒向後側。

袖口貼邊（正面）
2cm
袖子（背面）
②貼邊摺至背面。
③車縫。

10. 車縫下襬線

①僅呈現大彎弧的後衣身以稍粗的針目車縫。
後襬剪接布（背面）
0.6cm
前衣身（正面）

②摺疊0.7cm。
後襬剪接布（背面）
前衣身（正面）

後襬剪接布（背面）
③摺疊0.8cm。
0.6cm
④車縫。
前衣身（正面）
抽拉①的縫線下線來縮減彎弧處浮起的縫份。

11. 縫上鈕釦

0.5cm
0.7cm
後衣身（正面）

P.10 ⑤

抽縐七分袖長版上衣

原寸紙型A面

使用紙型4張

| B 前衣身 |
| B 後衣身 |
| B 後襬剪接布 |
| B 袖子 |

完成尺寸

・衣長 S 85.5/M 88/L 90/LL 93cm
・胸圍 S 110.5/M117.5/L 124/LL 128.5cm

材料

・表布（精梳棉布 Liberty印花布）
　110cm 寬 S 240/M 250/L 260/LL270cm
・黏著襯90×20cm
・1.2cm包釦9個

※以表布製作包釦。

製作順序

10. 開釦眼&縫上鈕釦

1. 車縫前端&領圍抽細褶

3. 車縫肩線（參考P.43）

4. 領圍滾邊

6. 接縫袖子（參考P.43）

5. 製作袖子

8. 袖口滾邊

2. 製作後襬剪接布接縫於後衣身（作法參考P.57的3）

7. 車縫袖下・脇邊線（參考P.43）

9. 車縫下襬線

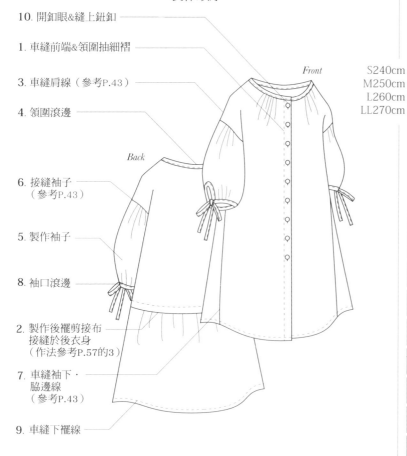

Front

Back

表布的裁布圖

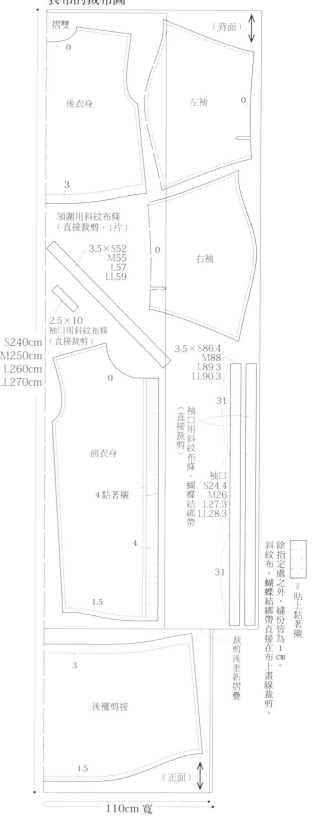

摺雙

（背面）

0

後衣身

左袖

0

3

領圍用斜紋布條
（直接裁剪・1片）

右袖

0

3.5×S52
M55
L57
LL59

2.5×10
袖口用斜紋布條
（直接裁剪）

3.5×S86.4
M88
L89.3
LL90.3

31

S240cm
M250cm
L260cm
LL270cm

0

袖口用斜紋布條・蝴蝶結綁帶（直接裁剪）

前衣身

4黏著襯

袖口
S24.4
M26
L27.3
LL28.3

4

31

1.5

裁剪後重新摺疊

3

後襬剪接

1.5

（正面）

110cm 寬

除指定處之外，縫份皆為1㎝。
斜紋布・蝴蝶結綁帶直接在布上畫線裁剪。

▨ = 貼上黏著襯

作法

1. 車縫前端＆領圍抽細褶

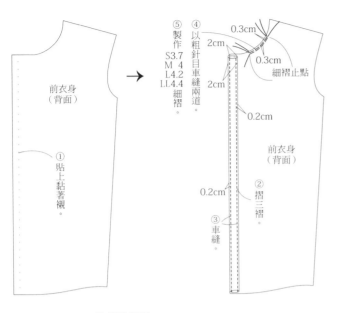

前衣身（背面）

① 貼上黏著襯。

⑤ 製作
S3.7
M 4
L4.2
LL4.4
細褶。

④ 以粗針目車縫兩道。

0.3cm

2cm

0.3cm

細褶止點

2cm

前衣身（背面）

0.2cm

② 摺三褶。

0.2cm

③ 車縫。

4. 領圍滾邊

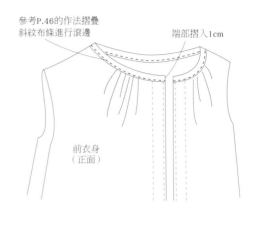

參考P.46的作法摺疊斜紋布條進行滾邊

端部摺入1cm

前衣身（正面）

5. 製作袖子

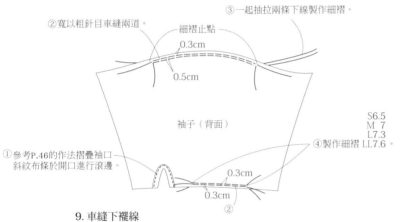

② 寬以粗針目車縫兩道。

細褶止點

0.3cm

0.5cm

③ 一起抽拉兩條下線製作細褶。

袖子（背面）

S6.5
M 7
L7.3
LL7.6

④ 製作細褶

① 參考P.46的作法摺疊袖口斜紋布條於開口進行滾邊。

0.3cm

0.3cm

②

8. 袖口滾邊

斜紋布條製作綁帶（參考P.46）

袖子（正面）

袖口斜紋布條・蝴蝶結綁帶（正面）

9. 車縫下襬線

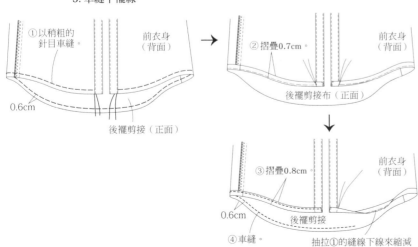

① 以稍粗的針目車縫。

前衣身（背面）

0.6cm

後襬剪接（正面）

② 摺疊0.7cm。

後襬剪接布（正面）

前衣身（背面）

③ 摺疊0.8cm

前衣身（背面）

0.6cm

後襬剪接

④ 車縫。

抽拉①的縫線下線來縮減彎弧處浮起的縫份

10. 開釦眼＆縫上鈕釦

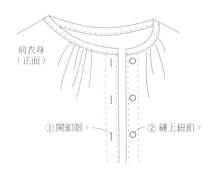

前衣身（正面）

① 開釦眼。

② 縫上鈕釦。

P.13 ⑥

短袖襯衫型連身裙

原寸紙型B面

使用紙型7張

C 後剪接	C 衣領
C 後衣身	C 袖子
C 前剪接	C 方口袋
C 前衣身	

完成尺寸
・總長 S 94.5/M 97/L99.5/LL 102.5cm
・胸圍 S112/M 119/L 125/LL 129.5cm

材料
・表布（法蘭德斯亞麻布 Liberty印花布）
　寬125cm　S 230/M 240/L 250/LL 260cm
・黏著襯90×40cm
・1.1cm鈕釦15個

製作順序

9. 製作衣領&接縫
2. 縫合剪接與衣身
4. 車縫肩線（參考P.43）
6. 接縫袖子（參考P.43）
5. 袖口布邊進行Z字形車縫
7. 車縫袖下至脇邊線
　（參考P.43）
11. 製作腰繩
1. 製作口袋接縫於前衣身
3. 車縫前端
8. 車縫袖口・下襬線
10. 開釦眼&縫上鈕釦

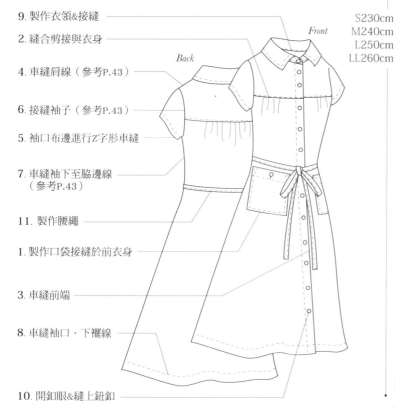

Front

Back

表布的裁布圖

摺雙　　　　　　　　　（背面）

表領

裡領

後剪接

右袖
3

左袖
3

6

前衣身
4黏著襯

腰繩
（直接裁剪）
S188
M200
L210
LL218

S230cm
M240cm
L250cm
LL260cm

（正面）

3.5

3.5

右方口袋
3.5
7

左方口袋
3.5
7

後衣身

右前剪接
4黏著襯
4

左前剪接
4黏著襯
4

3.5

4

125cm 寬

除指定處之外，縫份皆為1cm。
腰繩直接在布上畫線裁剪。

▥ =貼上黏著襯

作法

1. 製作口袋並接縫於前衣身

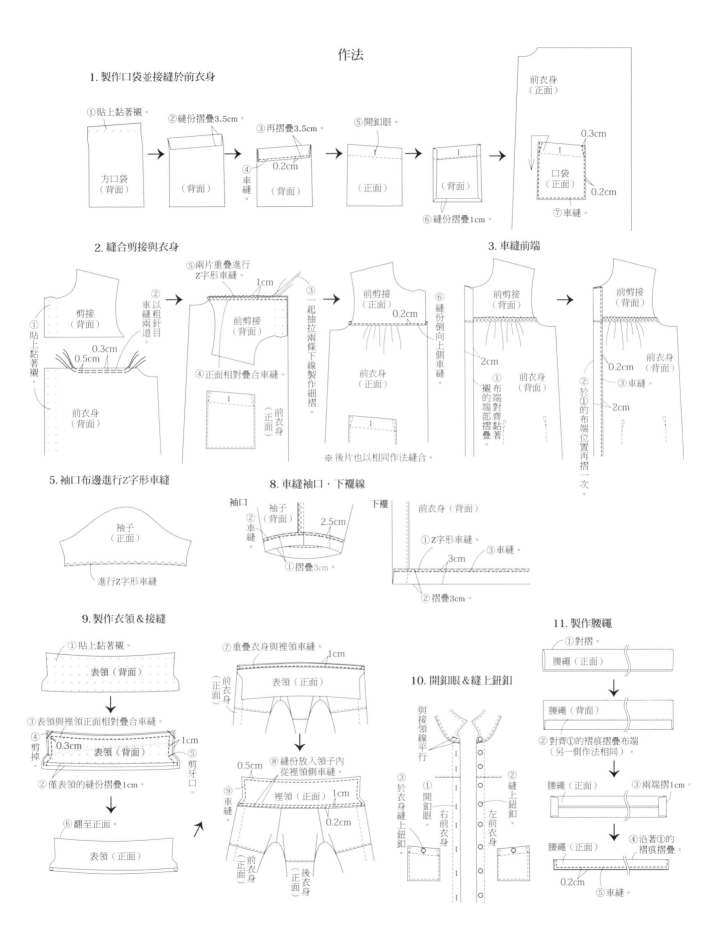

①貼上黏著襯。

②縫份摺疊3.5cm。

方口袋（背面）

（背面）

③再摺疊3.5cm。

④車縫。 0.2cm （背面）

⑤開釦眼。 （正面）

（背面）

⑥縫份摺疊1cm。

前衣身（正面）

0.3cm

口袋（正面）

0.2cm

⑦車縫。

2. 縫合剪接與衣身

①貼上黏著襯。

剪接（背面）

②車縫兩道 以粗針目車縫兩道

前衣身（背面）

0.3cm 0.5cm

⑤兩片重疊進行Z字形車縫。 1cm

前剪接（背面）

④正面相對疊合車縫。

前衣身（正面）

③一起抽拉兩條下線製作細褶。

⑤縫份倒向上側車縫。

前剪接（正面）

0.2cm

前衣身（正面）

※後片也以相同作法縫合。

3. 車縫前端

前剪接（背面）

①襯的端部對齊黏著摺疊。 2cm

前衣身（背面）

前剪接（背面）

0.2cm

③車縫。

②於①的布端位置再摺一次。 2cm

前衣身（背面）

5. 袖口布邊進行Z字形車縫

袖子（正面）

進行Z字形車縫

8. 車縫袖口‧下襬線

袖口

②車縫。 袖子（背面） 2.5cm

①摺疊3cm。

下襬 前衣身（背面）

①Z字形車縫。 ③車縫。 3cm

②摺疊3cm。

9. 製作衣領＆接縫

①貼上黏著襯。

表領（背面）

③表領與裡領正面相對疊合車縫。

④剪掉。 0.3cm 表領（背面） 1cm ⑤剪牙口。

②僅表領的縫份摺疊1cm。

⑥翻至正面。

表領（正面）

⑦重疊衣身與裡領車縫。 1cm

表領（正面）

前衣身（正面）

0.5cm

⑧縫份放入領子內從裡領側車縫。

⑨車縫。 裡領（正面） 1cm

0.2cm

前衣身（正面） 後衣身（正面）

10. 開釦眼＆縫上鈕釦

與接領線平行

①開釦眼 右前衣身

③於衣身縫上鈕釦

②縫上鈕釦 左前衣身

11. 製作腰繩

①對摺。

腰繩（正面）

腰繩（背面）

②對齊①的褶痕摺疊布端（另一側作法相同）。

腰繩（正面） ③兩端摺1cm。

腰繩（正面）

④沿著①的褶痕摺疊

0.2cm ⑤車縫。

61

P.15 ⑧

七分袖小外套

原寸紙型B面

使用紙型9張

C 後剪接	C 後貼邊	C 袋蓋
C 後衣身	C 前貼邊	C 圓角口袋
C 前剪接	C 袖子	
C 前衣身		

完成尺寸
・總長 S 55.5/M 57/L 58.5/LL 60cm
・胸圍 S112/M 119/L 125/LL 129.5cm

材料
・表布（Summer Tweed）
　寬142cm S 120/M 120/L 130/LL 130cm
・黏著襯90×40cm
・鉤釦1組

製作順序

7. 製作貼邊

2. 縫合剪接與衣身

10. 縫上鉤釦

3. 車縫肩線（參考P.43）

5. 接縫袖子（參考P.43）

6. 車縫袖下至邊線
　（參考P.43）

1. 製作袋蓋＆接縫

9. 車縫袖口

4. 袖口布邊進行
　Z字形車縫

8. 車縫貼邊＆車縫
　領圍・前端・下襬線

Front

Back

表布的裁布圖

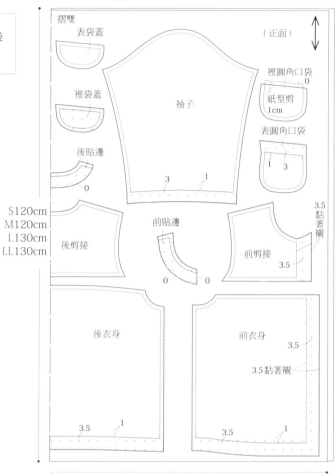

摺雙

表袋蓋

裡袋蓋

後貼邊

（正面）

裡圓角口袋
0

紙型剪
1cm

表圓角口袋

袖子

3.5
黏著襯

S120cm
M120cm
L130cm
LL130cm

後剪接

前貼邊

前剪接

3.5

後衣身

前衣身

3.5

3.5黏著襯

3.5

1

3.5

1

142cm 寬

除指定處之外，縫份皆為1cm。

⬚‥‥‥＝貼上黏著襯

作法

1. 製作袋蓋＆接縫

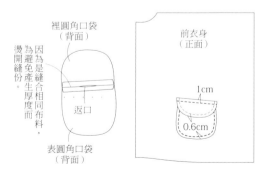

裡圓角口袋
（背面）

返口

表圓角口袋
（背面）

前衣身
（正面）

1cm

0.6cm

為避免產生厚度而將開縫份邊為因是縫合相同布料

※ 口袋與袋蓋的作法參考P.47。

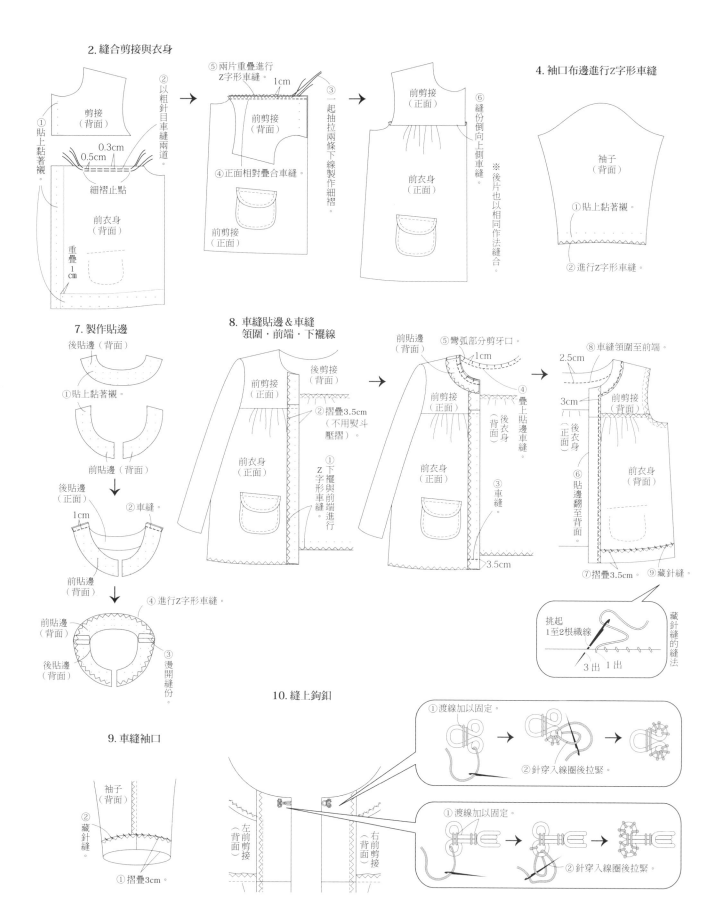

2. 縫合剪接與衣身

①貼上黏著襯。

剪接（背面）

0.3cm
0.5cm

細褶止點

前衣身（背面）

重疊1cm

②以粗針目車縫兩道。

⑤兩片重疊進行Z字形車縫。

1cm

③一起抽拉兩條下線製作細褶。

前剪接（背面）

④正面相對疊合車縫。

前剪接（正面）

前剪接（正面）

⑥縫份倒向上側車縫。

※後片也以相同作法縫合。

前衣身（正面）

4. 袖口布邊進行Z字形車縫

前剪接（正面）

袖子（背面）

①貼上黏著襯。

②進行Z字形車縫。

7. 製作貼邊

後貼邊（背面）

①貼上黏著襯。

前貼邊（背面）

後貼邊（正面）

1cm

②車縫。

前貼邊（背面）

前貼邊（背面）

④進行Z字形車縫。

前貼邊（背面）

後貼邊（背面）

③燙開縫份。

8. 車縫貼邊＆車縫 領圍・前端・下襬線

前剪接（正面）

後剪接（背面）

②摺疊3.5cm（不用熨斗壓摺）。

①下襬與前端進行Z字形車縫。

前衣身（正面）

前貼邊（背面）

⑤彎弧部分剪牙口。

1cm

④疊上貼邊車縫。

前剪接（正面）

後衣身（背面）

前衣身（正面）

③車縫。

3.5cm

⑧車縫領圍至前端。

2.5cm

3cm

前剪接（背面）

後衣身（正面）

⑥貼邊翻至背面。

前衣身（背面）

⑦摺疊3.5cm。

⑨藏針縫。

挑起1至2根織線

3出 1出

藏針縫的縫法

10. 縫上鉤釦

①渡線加以固定。

②針穿入線圈後拉緊。

①渡線加以固定。

②針穿入線圈後拉緊。

9. 車縫袖口

袖子（背面）

②藏針縫。

①摺疊3cm。

左前剪接（背面）

右前剪接（背面）

短袖襯衫

原寸紙型B面

使用紙型6張

C 後剪接	C 衣領
C 後衣身	C 袖子
C 前剪接	
C 前衣身	

完成尺寸
・總長 S 55.5/M 57/L 58.5/LL 60cm
・胸圍 S112/M 119/L 125/LL 129.5cm

材料
・表布（精梳棉布 Liberty印花布）
　寬110cm S 160/M 160/L 190/LL 200cm
・黏著襯90×30cm
・1.1cm鈕釦8個

製作順序

7. 製作衣領＆接縫（參考P.61的9）

3. 車縫肩線（參考P.43）

1. 縫合剪接與衣身
　（參考P.61的2）

5. 接縫袖子（參考P.43）

4. 袖口布邊進行
　Z字形車縫
　（參考P.61的5）

6. 車縫袖下線至
　脇邊線（參考P.43）

2. 車縫前端
　（參考P.61的3，
　但前端兩側皆車縫）

9. 開釦眼＆縫上鈕釦
　（參考P.61的10）

8. 車縫袖口・下襬線

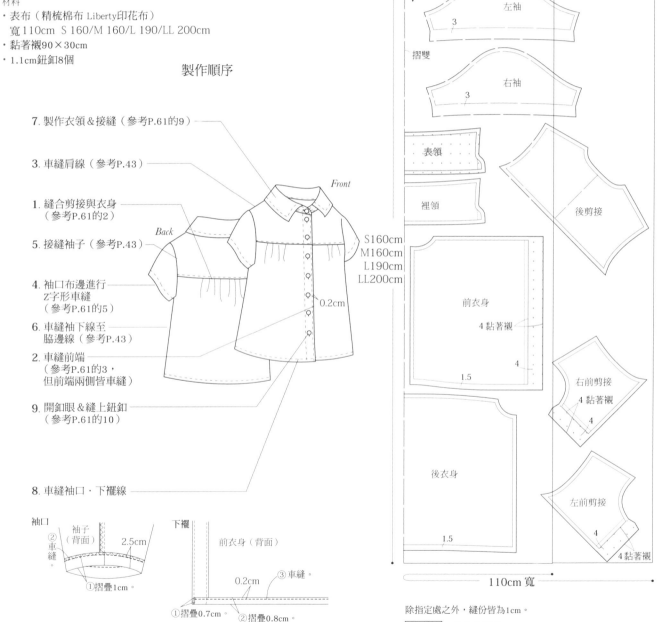

表布的裁布圖

（正面）　　　（背面）

左袖
3

摺雙

右袖
3

表領

裡領

後剪接

前衣身
4 黏著襯

S160cm
M160cm
L190cm
LL200cm

1.5
4

右前剪接
4 黏著襯
4

後衣身

左前剪接
4
4 黏著襯

1.5

110cm 寬

除指定處之外，縫份皆为1cm。

=貼上黏著襯

Front

Back

0.2cm

袖口

袖子
（背面）　2.5cm

②車縫

①摺疊1cm。

下襬

前衣身（背面）

0.2cm

③車縫

①摺疊0.7cm。　②摺疊0.8cm。

P.41 (27)

布胸花

使用紙型2張

土台布
花瓣

完成尺寸
- 大 直徑約7cm
- 小 直徑約65cm

材料
（大胸花1朵的量）
- 布（沙典布）10×15cm
- 不織布10×15cm
- 薄布襯10×15cm
- 胸針座1個
- 6mm捷克串珠14個
- 8mm水晶串珠1個
- 極小串珠15個
- 車縫線2色

（小胸花1朵的量）
- 表布（沙典布）10×15cm
- 不織布10×15cm
- 薄布襯10×15cm
- 胸針座1個
- 4mm水晶串珠14個
- 6mm水晶串珠1個
- 極小串珠15個
- 車縫線1色
- 極細毛線少許

原寸紙型

小
花瓣5片

大
花瓣5片

土台布1片

土台布1片

作法

1. 貼合表布與不織布

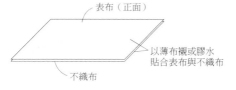

表布（正面）

以薄布襯或膠水
貼合表布與不織布

不織布

2. 裁剪花瓣與土台布

花瓣（正面） 花瓣（正面） 花瓣（正面）

花瓣（正面） 花瓣（正面） 土台布（正面）

3. 製作花瓣

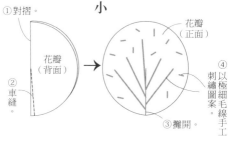

小

①對摺。

花瓣（背面）

②車縫。

花瓣（正面）

④以極細毛線手工刺繡圖案。

③攤開。

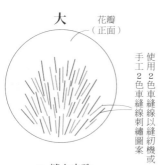

大

花瓣（正面）

使用2色車縫線以縫紉機或手工2色車縫線刺繡圖案

4. 花瓣縫固定於土台布上

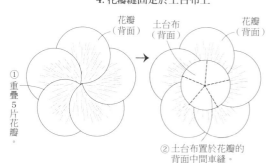

花瓣（背面） 土台布（背面） 花瓣（背面）

①重疊5片花瓣。

②土台布置於花瓣的背面中間車縫。

5. 縫上串珠

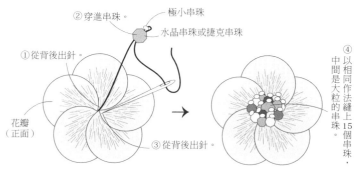

②穿進串珠。

極小串珠

水晶串珠或捷克串珠

①從背後出針。

花瓣（正面）

③從背後出針。

④以相同作法縫上15個串珠，中間是大粒的串珠

6. 黏貼胸針座

以膠水黏貼上胸針座

P.19 ⑪

傘襬剪接上衣

原寸紙型C面

使用紙型6張

D 前衣身	D 前傘襬剪接布
D 後衣身	D 後傘襬剪接布
D 袖子	
D 領圍貼邊	

完成尺寸
・總長 S 57.5/M 58.5/L 60.5/LL 62cm
・胸圍 S 89/M 95/L 99.5/LL 103cm

材料
・表布（精梳棉布 Liberty印花布）
　寬110cm S 180/M 190/L 200/LL 210cm
・黏著襯90×40cm
・2cm包鈕7個
※ 以表布製作包鈕。

表布的裁布圖

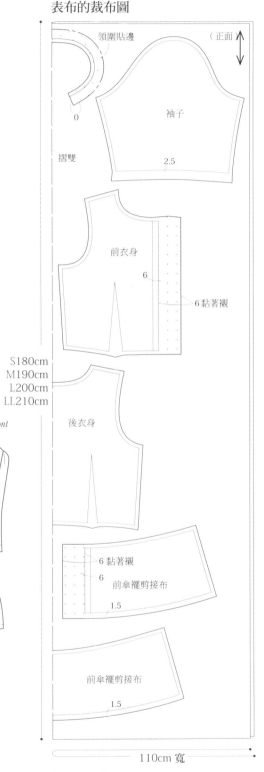

領圍貼邊

（正面）

摺雙

袖子

2.5

前衣身

6

6黏著襯

S180cm
M190cm
L200cm
LL210cm

後衣身

6黏著襯

6

前傘襬剪接布

1.5

前傘襬剪接布

1.5

110cm 寬

除指定處之外，縫份皆為1cm。

＝貼上黏著襯

製作順序

6. 製作領圍貼邊

9. 摺疊前端&接縫領圍貼邊

2. 車縫肩線（參考P.43）

3. 袖山抽細褶

4. 接縫袖子（參考P.43）

1. 車縫尖褶

5. 車縫袖下至衣身的脇邊線
　（參考P.43）

7. 製作傘襬剪接布

8. 縫合傘襬剪接布與
　衣身腰部

10. 車縫袖口・下襬線

11. 開鈕眼&縫上鈕釦

Front

Back

作法

1. 車縫尖褶

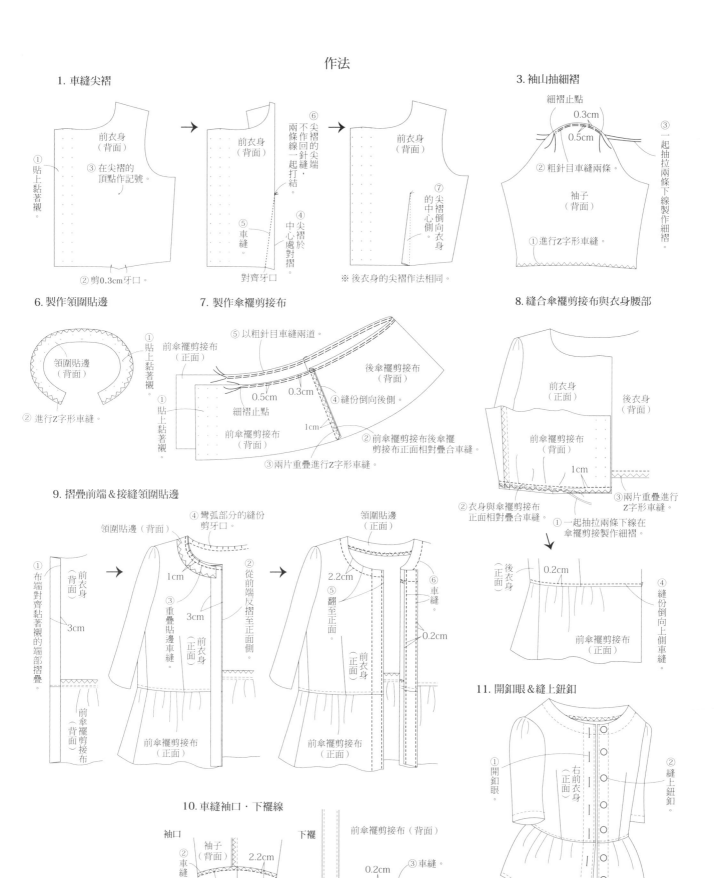

① 貼上黏著襯。

③ 在尖褶的頂點作記號。

② 剪0.3cm牙口。

③ 在尖褶的頂點作記號。

⑥ 尖褶的尖端不作回針縫，兩條線一起打結。

④ 尖褶於中心處對摺。

⑤ 車縫。

對齊牙口。

⑦ 尖褶倒向衣身側。

※ 後衣身的尖褶作法相同。

3. 袖山抽細褶

細褶止點

0.3cm

0.5cm

② 粗針目車縫兩條。

③ 一起抽拉兩條下線製作細褶。

袖子（背面）

① 進行Z字形車縫。

6. 製作領圍貼邊

領圍貼邊（背面）

① 貼上黏著襯。

② 進行Z字形車縫。

7. 製作傘襬剪接布

⑤ 以粗針目車縫兩道。

前傘襬剪接布（正面）

0.5cm   0.3cm

後傘襬剪接布（背面）

④ 縫份倒向後側。

細褶止點

1cm

前傘襬剪接布（背面）

① 貼上黏著襯。

② 前傘襬剪接布後傘襬剪接布正面相對疊合車縫。

③ 兩片重疊進行Z字形車縫。

8. 縫合傘襬剪接布與衣身腰部

前衣身（正面）

後衣身（背面）

前傘襬剪接布（背面）

1cm

② 衣身與傘襬剪接布正面相對疊合車縫。

③ 兩片重疊進行Z字形車縫。

① 一起抽拉兩條下線在傘襬剪接製作細褶。

後衣身（正面）

0.2cm

前傘襬剪接布（正面）

④ 縫份倒向上側車縫。

9. 摺疊前端＆接縫領圍貼邊

① 布端對齊黏著襯的端部摺疊。

前衣身（背面）

3cm

前傘襬剪接布（背面）

領圍貼邊（背面）

1cm

③ 重疊貼邊車縫。

3cm

前衣身（正面）

⑦ 彎弧部分的縫份剪牙口。

② 從前端反摺至正面側。

前傘襬剪接布（正面）

領圍貼邊（正面）

2.2cm

⑤ 翻至正面。

前衣身（正面）

⑥ 車縫。

0.2cm

前傘襬剪接布（正面）

10. 車縫袖口・下襬線

袖口

② 車縫。

袖子（背面）

2.2cm

① 摺疊2.5cm。

下襬

前傘襬剪接布（背面）

0.2cm

③ 車縫。

① 摺疊0.7cm。

② 摺疊0.8cm。

11. 開釦眼＆縫上鈕釦

① 開釦眼。

右前衣身（正面）

② 縫上鈕釦。

P.15 ⑨

圓領五分袖連身裙

原寸紙型C面

使用紙型7張

D 前衣身	D 領圍貼邊
D 後衣身	D 前裙片
D 袖子	D 後裙片
D 袖口布	

完成尺寸
・總長 S 105.5/M108.5/L 111/LL 114cm
・胸圍 S 89/M 95/L 99.5/LL 103cm

材料
・表布（法蘭德斯亞麻布 Liberty印花布）
　寬125cm　S 250/M 260/L 270/LL 280cm
・黏著襯90×30cm
・56cm隱形拉鍊1條
・鉤釦1組
・寬2cm荷葉邊沙典緞帶200cm
・腰帶耳

製作順序

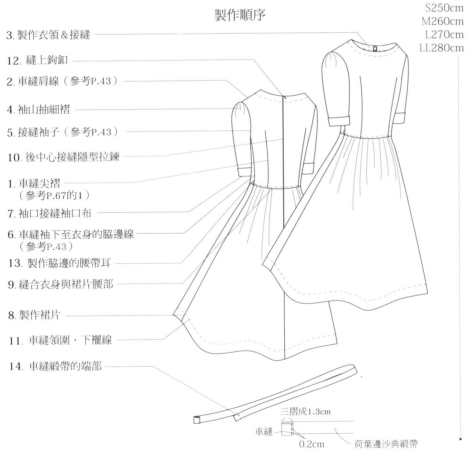

3. 製作衣領＆接縫
12. 縫上鉤釦
2. 車縫肩線（參考P.43）
4. 袖山抽細褶
5. 接縫袖子（參考P.43）
10. 後中心接縫隱型拉鍊
1. 車縫尖褶
　（參考P.67的1）
7. 袖口接縫袖口布
6. 車縫袖下至衣身的脇邊線
　（參考P.43）
13. 製作脇邊的腰帶耳
9. 縫合衣身與裙片腰部
8. 製作裙片
11. 車縫領圍・下襬線
14. 車縫緞帶的端部

三摺成1.3cm
車縫
0.2cm
荷葉邊沙典緞帶

表布的裁布圖

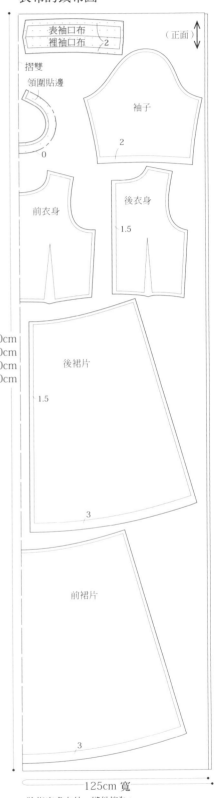

表袖口布
裡袖口布　2
（正面）
摺雙
領圍貼邊
袖子　2
前衣身
後衣身　1.5
0

S250cm
M260cm
L270cm
LL280cm

後裙片
1.5
3

前裙片
3

125cm 寬

除指定處之外，縫份皆為1cm。

⬚ = 貼上黏著襯

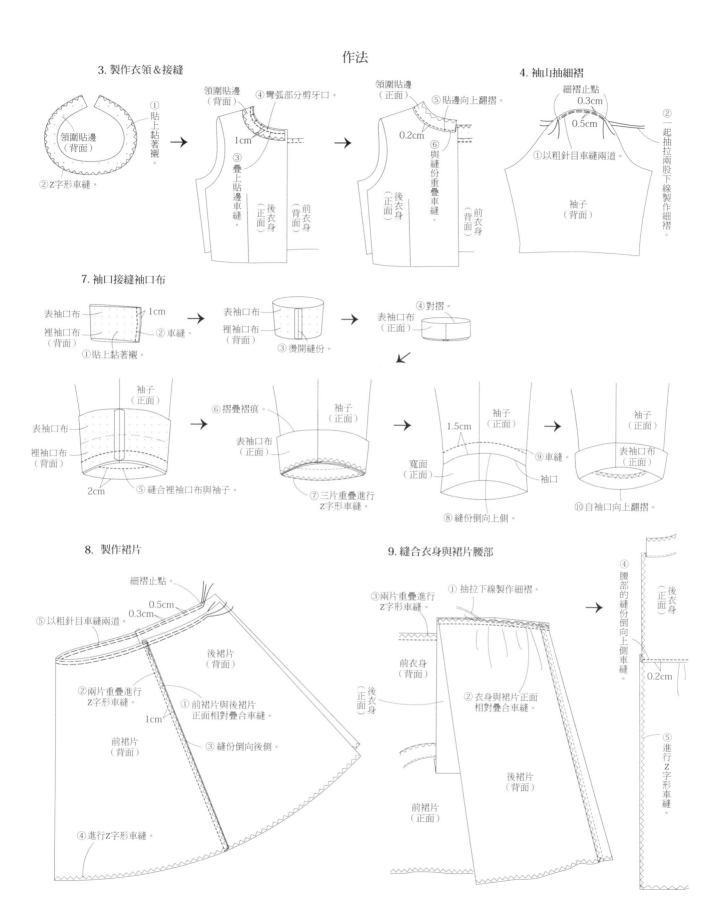

作法

3. 製作衣領＆接縫

貼上黏著襯。

領圍貼邊
（背面）

②Z字形車縫。

①貼上黏著襯。

領圍貼邊
（背面）

④彎弧部分剪牙口。

1cm

③疊上貼邊車縫。

後衣身
（正面）

前衣身
（背面）

領圍貼邊
（正面）

⑤貼邊向上翻摺。

0.2cm

⑥與縫份重疊車縫。

後衣身
（正面）

前衣身
（背面）

4. 袖山抽細褶

細褶止點
0.3cm

0.5cm

①以粗針目車縫兩道。

袖子
（背面）

②一起抽拉兩股下線製作細褶。

7. 袖口接縫袖口布

表袖口布

裡袖口布
（背面）

1cm

②車縫。

①貼上黏著襯。

表袖口布

裡袖口布
（背面）

③燙開縫份。

表袖口布
（正面）

④對摺。

表袖口布

裡袖口布
（背面）

袖子
（正面）

2cm

⑤縫合裡袖口布與袖子。

⑥摺疊褶痕。

表袖口布
（正面）

袖子
（正面）

⑦三片重疊進行Z字形車縫。

1.5cm

寬面
（正面）

袖子
（正面）

⑨車縫。

袖口

⑧縫份倒向上側。

袖子
（正面）

表袖口布
（正面）

⑩自袖口向上翻摺。

8. 製作裙片

細褶止點。

0.5cm

0.3cm

⑤以粗針目車縫兩道。

②兩片重疊進行Z字形車縫。

1cm

前裙片
（背面）

後裙片
（背面）

①前裙片與後裙片正面相對疊合車縫。

③縫份倒向後側。

④進行Z字形車縫。

9. 縫合衣身與裙片腰部

③兩片重疊進行Z字形車縫。

①抽拉下線製作細褶。

前衣身
（背面）

後衣身
（正面）

②衣身與裙片正面相對疊合車縫。

後裙片
（背面）

前裙片
（正面）

④腰部的縫份倒向上側車縫。

後衣身
（正面）

0.2cm

⑤進行Z字形車縫。

10. 後中心接縫隱形拉鍊

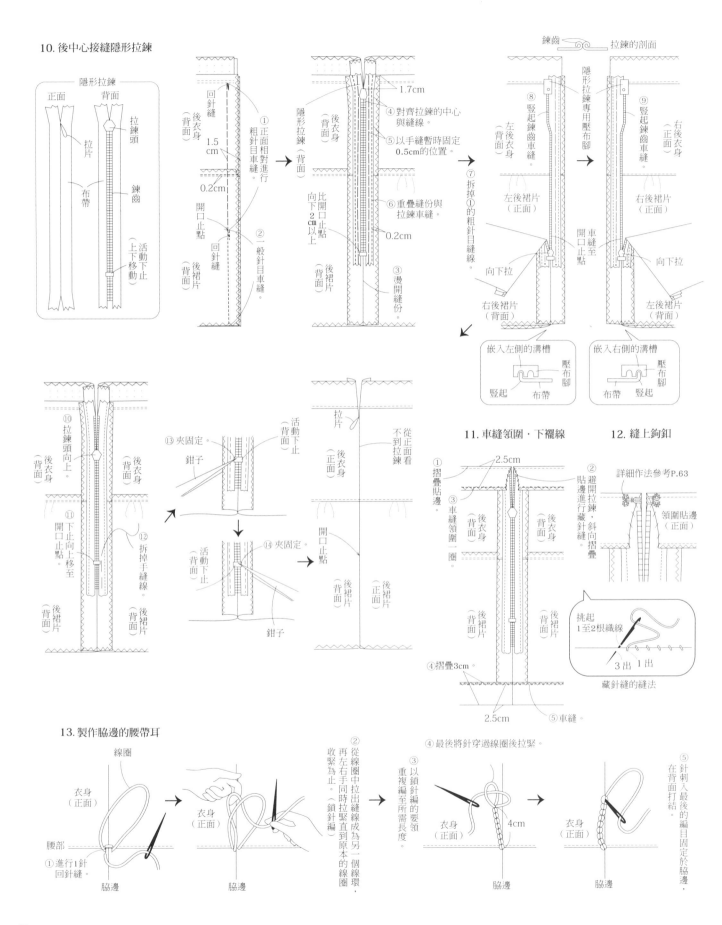

隱形拉鍊

正面　背面

拉鍊頭
拉片
錬齒
布帶

（活動上下移動上止下止）

①正面相對進行粗針目車縫。
1.5 cm
0.2cm
回針縫
（後衣身）（背面）
開口止點
回針縫
（後裙片）（背面）
②一般針目車縫。

隱形拉鍊（背面）
（後衣身）（背面）
比開口止點向下2cm以上
開口止點
（後裙片）（背面）
④對齊拉鍊的中心與縫線。
⑤以手縫暫時固定0.5cm的位置。
1.7cm
⑥重疊縫份與拉鍊車縫。
0.2cm
③燙開縫份。

錬齒　拉鍊的剖面

隱形拉鍊專用壓布腳
⑧豎起錬齒車縫。
（後衣身）（背面）
（左後裙片）（正面）
向下拉
開口止點
右後裙片（背面）

⑨豎起錬齒車縫。
（後衣身）（右）（正面）
（右後裙片）（正面）
車縫至開口止點
向下拉
左後裙片（背面）

⑦拆掉①的粗針目縫線。

嵌入左側的溝槽
豎起　壓布腳　布帶
嵌入右側的溝槽
布帶　壓布腳　豎起

⑩拉鍊頭向上。
（後衣身）（背面）
⑪下止向上移至開口止點。
（後裙片）（背面）

⑬夾固定。
（背面）
鉗子
（活動下止）（背面）
⑫拆掉手縫線。
（後裙片）（背面）
⑭夾固定。
（活動下止）（背面）
鉗子

拉片
（後衣身）（正面）
開口止點
（後裙片）（正面）
從正面看不到拉鍊

11. 車縫領圍・下襬線

①摺疊貼邊。
2.5cm
③車縫領圍一圈。
（後衣身）（背面）
（後裙片）（背面）
④摺疊3cm。
⑤車縫。
2.5cm

12. 縫上鉤釦

②詳細作法參考P.63
避開拉鍊，斜向摺疊
貼邊進行藏針縫。
領圍貼邊（正面）

挑起1至2根織線
3出　1出
藏針縫的縫法

13. 製作脇邊的腰帶耳

線圈
衣身（正面）
腰部
①進行1針回針縫。
脇邊

衣身（正面）
②從線圈中拉出縫線成為另一個線環，再從左右手同時拉緊直到原本的線圈收緊為止。（鎖針編）
脇邊

④最後將針穿過線圈後拉緊。
③以鎖針編的要領重複編至所需長度。
衣身（正面）
4cm
脇邊

⑤針刺入最後的編目固定於脇邊，在背面打結。
衣身（正面）
脇邊

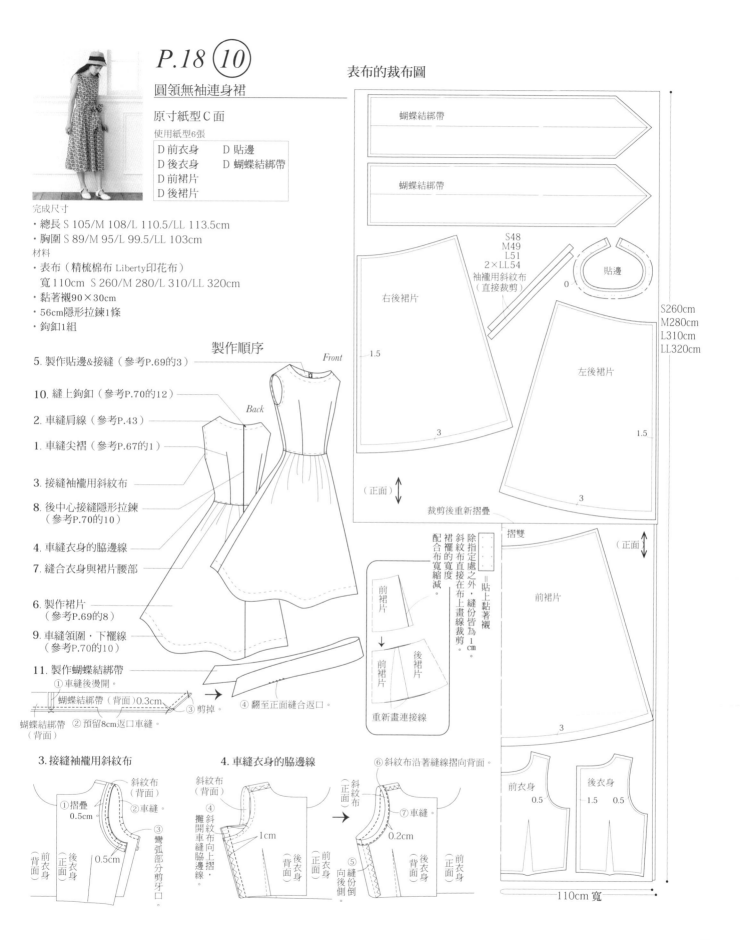

P.18 ⑩

圓領無袖連身裙

原寸紙型 C 面

使用紙型6張

D 前衣身	D 貼邊
D 後衣身	D 蝴蝶結綁帶
D 前裙片	
D 後裙片	

完成尺寸

・總長 S 105/M 108/L 110.5/LL 113.5cm
・胸圍 S 89/M 95/L 99.5/LL 103cm

材料

・表布（精梳棉布 Liberty印花布）
　寬110cm　S 260/M 280/L 310/LL 320cm
・黏著襯90×30cm
・56cm隱形拉鍊1條
・鉤釦1組

製作順序

5. 製作貼邊&接縫（參考P.69的3）

10. 縫上鉤釦（參考P.70的12）

2. 車縫肩線（參考P.43）

1. 車縫尖褶（參考P.67的1）

3. 接縫袖襱用斜紋布

8. 後中心接縫隱形拉鍊
　（參考P.70的10）

4. 車縫衣身的脇邊線

7. 縫合衣身與裙片腰部

6. 製作裙片
　（參考P.69的8）

9. 車縫領圍・下襬線
　（參考P.70的10）

11. 製作蝴蝶結綁帶
　① 車縫後燙開。
　蝴蝶結綁帶（背面）0.3cm
　③ 剪掉。
　蝴蝶結綁帶（背面）
　② 預留8cm返口車縫。
　④ 翻至正面縫合返口。

Front

Back

表布的裁布圖

蝴蝶結綁帶

蝴蝶結綁帶

S48
M49
L51
2×LL54
袖襱用斜紋布
（直接裁剪）

貼邊

0

右後裙片

1.5

左後裙片

3

3

1.5

（正面）

裁剪後重新摺疊

S260cm
M280cm
L310cm
LL320cm

除指定處之外，縫份皆為1cm。

斜紋布直接在布上畫線裁剪。

裙襱用斜紋布的寬度配合布寬縮減。

重新畫連接線

前裙片

前裙片　後裙片

摺雙

= 貼上黏著襯

前裙片

（正面）

3

前衣身
0.5

後衣身
1.5　0.5

110cm 寬

3. 接縫袖襱用斜紋布

斜紋布（背面）
① 摺疊 0.5cm
② 車縫。
③ 彎弧部分剪牙口。
0.5cm
前衣身（背面）
後衣身（正面）

4. 車縫衣身的脇邊線

斜紋布（背面）
④ 攤開車縫脇邊線。
1cm
前衣身（背面）
後衣身（背面）

⑥ 斜紋布沿著縫線摺向背面。
斜紋布（正面）
⑦ 車縫
0.2cm
⑤ 縫向後側
後衣身（背面）
前衣身（正面）

P.21 ⑫

胸前壓褶短袖連身裙

原寸紙型C面

使用紙型6張

E 襇褶前衣身	E 前裙片
E 後衣身	E 後裙片
E 袖子	
E 開門領	

完成尺寸

· 總長 S 103/M 106/L 108.5/LL 111.5cm
· 胸圍 S 89/M 94/L 98/LL 103cm

材料

· 表布（Linen）
　寬 150cm S 220/M 230/L 240/LL 250cm
· 黏著襯90×30cm
· 寬0.7cm鬆緊帶 S 30/M 32/L 34/LL 35cm　2條
· 40cm拉鍊1條
· 寬1cm止伸襯布條90cm
· 1.3cm包釦6個

※以表布製作包釦。

製作順序

5. 製作衣領＆接縫

1. 車縫前端

2. 車縫波形褶襇（參考P.45）

14. 縫上鈕釦

3. 車縫尖褶

4. 接縫肩線（參考P.43）

7. 接縫袖子（參考P.43）

12. 車縫袖口

8. 車縫右袖下至脇邊線

10. 縫合衣身與裙片腰部

11. 左脇邊接縫拉鍊

6. 開釦眼

9. 製作裙片

13. 車縫裙子的下襬線

Front

Back

表布的裁布圖

裡開門領

表開門領

袖子

1.5　2.5　1.5

（正面）

後衣身

1.5

襇褶前衣身

1.5

4

1.5

4 黏著襯

摺雙

後裙片

1.5

S220cm
M230cm
L240cm
LL250cm

3.5

前裙片

1.5

3.5

← 150cm寬 →

除指定處之外，縫份皆為1cm。

□ ＝貼上黏著襯

作法

1. 車縫前端

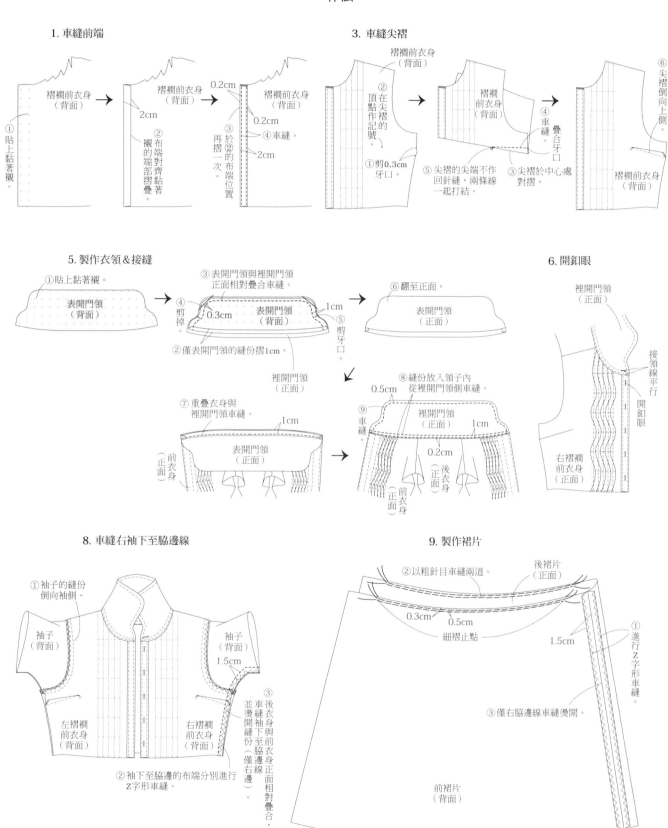

①貼上黏著襯。

褶襴前衣身（背面）

2cm

②襯的端部摺疊，布端對齊黏著。

褶襴前衣身（背面）

0.2cm

0.2cm

④車縫。

2cm

③於②的布端位置再摺一次。

3. 車縫尖褶

褶襴前衣身（背面）

②在尖褶的頂點作記號。

①剪0.3cm牙口。

褶襴前衣身（背面）

④車縫。

⑤尖褶的尖端不作回針縫，兩條線一起打結。

③尖褶於中心處對摺。

⑥尖褶倒向上側。

褶襴前衣身（背面）

疊合牙口。

5. 製作衣領＆接縫

①貼上黏著襯。

表開門領（背面）

③表開門領與裡開門領正面相對疊合車縫。

④剪掉。

0.3cm

表開門領（背面）

1cm

⑤剪牙口。

②僅表開門領的縫份摺1cm。

裡開門領（正面）

⑥翻至正面。

表開門領（正面）

⑦重疊衣身與裡開門領車縫。

1cm

表開門領（正面）

前衣身（正面）

⑧縫份放入領子內從裡開門領側車縫。

0.5cm

⑨車縫。

裡開門領（正面）

1cm

0.2cm

後衣身（正面）

前衣身（正面）

6. 開釦眼

裡開門領（正面）

接領線平行

開釦眼

右褶襴前衣身（正面）

8. 車縫右袖下至脇邊線

①袖子的縫份倒向袖側。

袖子（背面）

袖子（背面）

1.5cm

左褶襴前衣身（背面）

右褶襴前衣身（背面）

③後衣身與前衣身正面相對疊合，車縫袖下至脇邊線並燙開縫份（僅右邊）。

②袖下至脇邊的布端分別進行Z字形車縫。

9. 製作裙片

②以粗針目車縫兩道。

後裙片（正面）

0.3cm

0.5cm

細褶止點

①進行Z字形車縫。

1.5cm

③僅右脇邊線車縫燙開。

前裙片（背面）

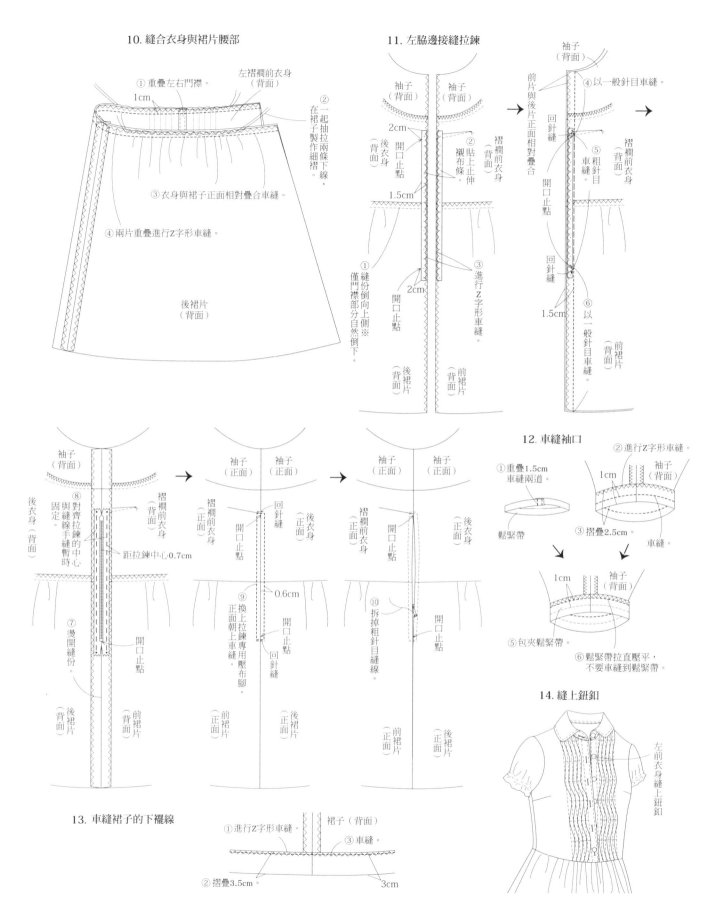

10. 縫合衣身與裙片腰部

① 重疊左右門襟。

左褶襉前衣身（背面）

1cm

② 一起抽拉兩條下線，在裙子製作細褶。

③ 衣身與裙子正面相對疊合車縫。

④ 兩片重疊進行Z字形車縫。

後裙片（背面）

11. 左脇邊接縫拉鍊

袖子（背面）　袖子（背面）

2cm

後衣身（背面）

開口止點

1.5cm

① 縫份倒向上側※僅門襟部分自然倒下。

開口止點

2cm

③ 進行Z字形車縫。

褶襉前衣身（背面）

② 貼上止伸襯布條。

後裙片（背面）　前裙片（背面）

袖子（背面）

④ 以一般針目車縫。

前片與後片正面相對疊合

回針縫

⑤ 粗針目車縫。

開口止點

褶襉前衣身（背面）

回針縫

1.5cm

⑥ 以一般針目車縫。

前裙片（背面）

袖子（背面）　袖子（背面）

後衣身（背面）

⑧ 對齊拉鍊的中心與縫線手縫暫時固定。

距拉鍊中心0.7cm

褶襉前衣身（背面）

開口止點

⑦ 燙開縫份。

後裙片（背面）　前裙片（背面）

袖子（正面）　袖子（正面）

回針縫

後衣身（正面）

褶襉前衣身（正面）

開口止點

⑨ 換上拉鍊專用壓布腳，正面朝上車縫。

0.6cm

開口止點

回針縫

前裙片（正面）　後裙片（正面）

袖子（正面）　袖子（正面）

後衣身（正面）

褶襉前衣身（正面）

開口止點

⑩ 拆掉粗針目縫線。

開口止點

前裙片（正面）　後裙片（正面）

12. 車縫袖口

① 重疊1.5cm車縫兩道。

鬆緊帶

② 進行Z字形車縫。

1cm

袖子（背面）

③ 摺疊2.5cm。

車縫。

1cm

袖子（背面）

⑤ 包夾鬆緊帶。

⑥ 鬆緊帶拉直壓平，不要車縫到鬆緊帶。

14. 縫上鈕釦

左前衣身縫上鈕釦

13. 車縫裙子的下襬線

① 進行Z字形車縫。

裙子（背面）

③ 車縫。

② 摺疊3.5cm。

3cm

P.22 ⑬

胸前壓褶七分袖上衣

原寸紙型C面

使用紙型4張

| E 褶襉前衣身 |
| E 後衣身 |
| E 立領 |
| E 袖子 |

完成尺寸

· 總長 S 59.5/M 61/L 62.5/LL 64cm
· 胸圍 S 89/M 94/L 98/LL 103cm

材料

· 表布（精梳棉布 Liberty印花布）
　寬110cm　S 170/M 180/L 200/LL 210cm
· 黏著襯90×20cm
· 1.2cm鈕釦10個

製作順序

5. 製作衣領＆接縫
1. 車縫門襟（參考P.77的1）
2. 車縫波形褶襉（參考P.45）
4. 車縫肩線（參考P.43）
7. 接縫袖子（參考P.43）
3. 車縫尖褶（參考P73的3）
8. 車縫袖下至脇邊線（參考P.43）
6. 車縫袖口開口（參考P.46）
9. 袖口滾邊
10. 車縫下襬線（參考P.77的9）
11. 開釦眼＆縫上鈕釦（參考P.77的10）

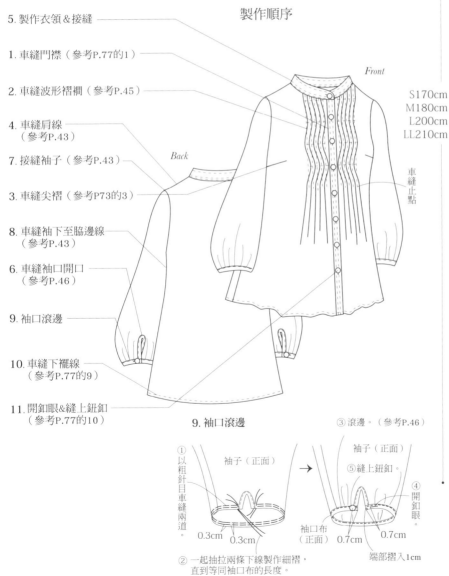

Front

Back

車縫止點

9. 袖口滾邊

① 以粗針目車縫兩道。

袖子（正面）

0.3cm　0.3cm

② 一起抽拉兩條下線製作細褶，直到等同袖口布的長度。

③ 滾邊。（參考P.46）

袖子（正面）

⑤ 縫上鈕釦。

④ 開釦眼。

袖口布（正面）

0.7cm　0.7cm

端部摺入1cm

表布的裁布圖

裡立領

（正面）

表立領

摺雙

褶襉
前衣身

4黏著襯

2

1.5

S170cm
M180cm
L200cm
LL210cm

S28.5
M30
L31.5
3.5×LL32.5
袖口布
（直接裁剪）

後衣身

1.5

3.5×10
袖口開口用斜紋布
（直接裁剪）

袖子

0

110cm 寬

除指定處之外，縫份皆為1cm。
袖口布與斜紋布直接畫線裁剪。

= 貼上黏著襯

P.23 ⑭

荷葉邊短袖上衣

原寸紙型C面

使用紙型4片

| E 荷葉邊前衣身 |
| E 後衣身 |
| E 立領 |
| E 袖子 |

完成尺寸

・總長 S 57.5/M 59/L 60.5/LL 62cm
・胸圍 S 89/M 94/L 98/LL 103cm

材料

・表布（60S 精梳棉布）
　寬112cm　S 150/M 160/L 170/LL 180cm
・黏著襯90×20cm
・1.2cm鈕釦8個
・寬0.7cm鬆緊帶 S 30/M 32/L 34/LL 35cm 2條

製作順序

7. 製作衣領＆接縫

1. 車縫門襟

2. 製作荷葉邊＆接縫（參考P.42）

3. 車縫尖褶

Back

4. 車縫肩線（參考P.43）

5. 接縫袖子（參考P.43）

8. 車縫袖口
　（參考P.74的12）

6. 車縫袖下至脇邊線
　（參考P.43）

9. 車縫下襬

10. 開釦眼＆縫上鈕釦

Front

表布的裁布圖

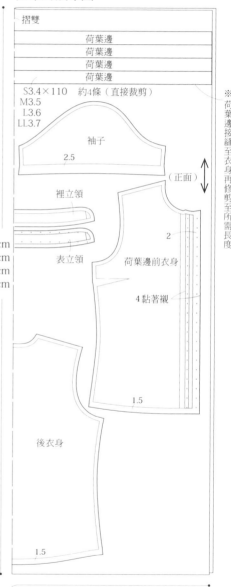

摺雙

| 荷葉邊 |
| 荷葉邊 |
| 荷葉邊 |
| 荷葉邊 |

S3.4×110　約4條（直接裁剪）
M3.5
L3.6
LL3.7

袖子

2.5

裡立領

表立領

（正面）

※荷葉邊接縫至衣身再修剪至所需長度

2

荷葉邊前衣身

4黏著襯

1.5

後衣身

S150cm
M160cm
L170cm
LL180cm

1.5

1.5

112cm 寬

除指定處之外，縫份皆為1cm。
荷葉邊直接在布上畫線裁剪。

▢ ＝貼上黏著襯

作法

1. 車縫門襟

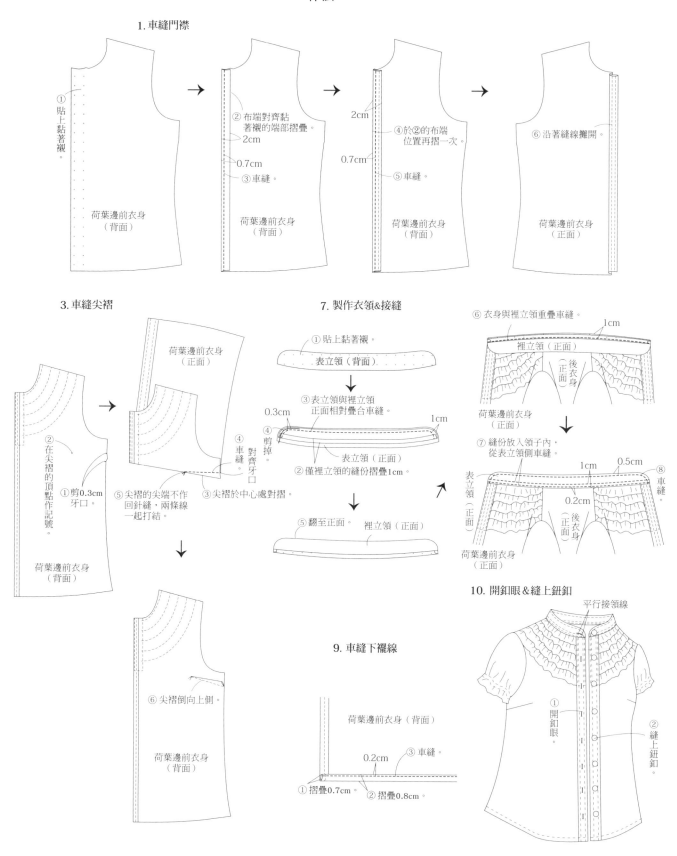

① 貼上黏著襯。

荷葉邊前衣身
（背面）

② 布端對齊黏著襯的端部摺疊。
2cm
0.7cm
③ 車縫。

荷葉邊前衣身
（背面）

2cm
0.7cm
④ 於②的布端位置再摺一次
⑤ 車縫。

荷葉邊前衣身
（背面）

⑥ 沿著縫線攤開。

荷葉邊前衣身
（正面）

3. 車縫尖褶

荷葉邊前衣身
（正面）

② 在尖褶的頂點作記號。
① 剪0.3cm牙口。
④ 車縫
⑤ 尖褶的尖端不作回針縫，兩條線一起打結。
③ 尖褶於中心處對摺。
對齊牙口

荷葉邊前衣身
（背面）

⑥ 尖褶倒向上側。

荷葉邊前衣身
（背面）

7. 製作衣領&接縫

① 貼上黏著襯。
表立領（背面）

③ 表立領與裡立領正面相對疊合車縫。
0.3cm
④ 剪掉。
表立領（正面）
② 僅裡立領的縫份摺疊1cm。
1cm

⑤ 翻至正面。
裡立領（正面）

⑥ 衣身與裡立領重疊車縫。
1cm
裡立領（正面）
後衣身（正面）

荷葉邊前衣身
（正面）

⑦ 縫份放入領子內，從表立領側車縫。
1cm
0.5cm
表立領（正面）
0.2cm
後衣身（正面）
⑧ 車縫

荷葉邊前衣身
（正面）

9. 車縫下襬線

荷葉邊前衣身（背面）
0.2cm
③ 車縫。
① 摺疊0.7cm。
② 摺疊0.8cm。

10. 開釦眼&縫上鈕釦

平行接領線
① 開釦眼。
② 縫上鈕釦。

P.24 ⑮

荷葉邊短袖連身裙

原寸紙型C面

使用紙型6張

E 荷葉邊前衣身	E 前裙片
E 後衣身	E 後裙片
E 開門領	
E 袖子	

完成尺寸

・總長 S 103/M 106/L 108.5/LL 111.5cm
・胸圍 S 89/M 94/L 98/LL 103cm

材料

・表布（精梳棉布 Liberty印花布）
　寬110cm　S 250/M 260/L 320/LL 330cm
・黏著襯90×30cm
・寬0.7cm鬆緊帶 S 30/M 32/L 34/LL 35cm 2條
・40cm拉鍊1條
・寬1cm止伸襯布條90cm
・寬1.3cm沙典緞帶200cm
・1.3cm包釦6個

※ 以寬3cm的沙典緞帶製作包釦。

表布的裁布圖

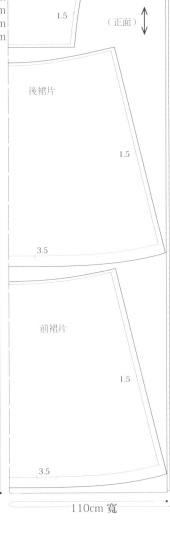

※ 荷葉邊縫至衣身再修剪至所需長度

配合布寬縮減裙襬的寬度

裙襬的寬度

前裙片　後裙片

前裙片　後裙片

重新畫連接線

荷葉邊
荷葉邊
荷葉邊
荷葉邊

S3.4×110　約4條（直接裁剪）
M3.5
L3.6
LL3.7

袖子
1.5　2.5　1.5

摺雙

裡開門領

表開門領

4黏著襯

荷葉邊前衣身

1.5

2

後衣身

1.5

（正面）

S250cm
M260cm
L320cm
LL330cm

後裙片

1.5

3.5

前裙片

1.5

3.5

110cm 寬

※ 除指定處之外，縫份皆為1cm。荷葉邊直接在布上畫線裁剪。

□ = 貼上黏著襯的位置

製作順序

5. 製作衣領&接縫（參考P.73的5）

1. 車縫門襟（參考P.77的1）

2. 車縫荷葉邊（參考P.42）

14. 縫上鈕釦（參考P.74的14）

3. 車縫尖褶（參考P.77的3）

4. 車縫肩線（參考P.43）

7. 接縫袖子（參考P.43）

12. 車縫袖口
　　（參考P.74的12）

8. 車縫右袖下至脇線
　　（參考P.73的8）

10. 車縫衣身與裙片下襬
　　（參考P.74的10）

11. 拉鍊縫至左脇
　　（參考P.74的11）

6. 開釦眼
　　（參考P.73的6）

9. 製作裙子
　　（參考P.73的9）

13. 車縫裙襬（參考P.74的13）

15. 車縫緞帶兩端

Front

Back

0.2cm

腰部的縫份全部倒向上側車縫

三褶成1.3cm

車縫

0.2cm　沙典緞帶

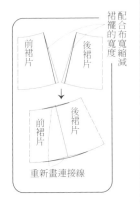

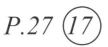

P.27 (17)

細褶裙

原寸紙型B面

使用紙型3張
- F 前裙片
- F 後裙片
- F 腰帶布

完成尺寸
- 總長 S 58/M 59 5/L 61/LL 62 5cm .
- 腰圍 S 65/M 69/L 73/LL 75cm

材料
- 表布（精梳棉布 Liberty印花布）
  寬110cm S 150/M 160/L 220/LL 230cm
- 寬3.5cm鬆緊帶 S 66/M 70/L 74/LL 76cm

製作順序

3. 接縫腰帶布＆穿入鬆緊帶
（參考P.81的4）

1. 車縫脇邊線（參考P.81的2）

2. 車縫下襬線
（參考P.81的3）

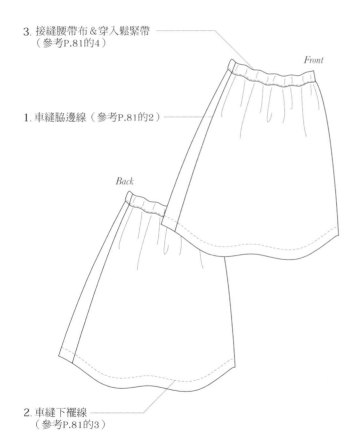

Front

Back

表布的裁布圖

摺雙

（正面）

（背面）

腰帶布

後裙片

S150cm
M160cm
L220cm
LL230cm

3.5

腰帶布

前裙片

3.5

110cm 寬

除指定處之外，縫份皆為1cm。

P.28 ⑱

拼接裙

原寸紙型B面

使用紙型3張

F	前裙片
F	後裙片
F	腰帶布

※前裙片與後裙片的紙型
是裁開剪接線使用。

完成尺寸

・總長 S 58/M 59.5/L 61/LL 62.5cm
・腰圍 S 65/M 69/L 73/LL 75cm

材料

・A布（精梳棉布 Liberty印花布）
　寬30cm S 80/M 80/L 90/LL 90cm
・B布（精梳棉布 Liberty印花布）
　寬70cm S 70/M 70/L 80/LL 80cm
・・C布（精梳棉布 Liberty印花布）
　寬70cm S 70/M 70/L 80/LL 80cm
・・D布（精梳棉布 Liberty印花布）
　寬70cm S 70/M 70/L 80/LL 80cm
・・E布（精梳棉布 Liberty印花布）
　寬70cm S 70/M 70/L 80/LL 80cm
・寬3.5cm鬆緊帶 S 66/M 70/L 74/LL 76cm

製作順序

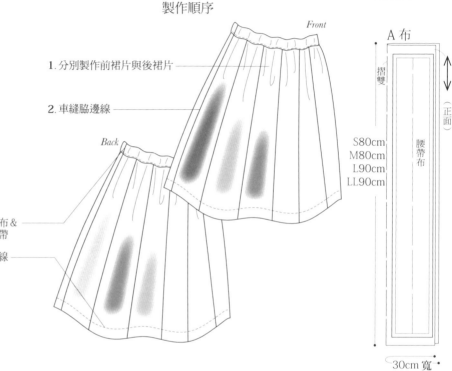

1.分別製作前裙片與後裙片

2.車縫脇邊線

Front

Back

4.接縫腰帶布 &
　穿入鬆緊帶

3.車縫下襬線

表布的裁布圖

除指定處之外，
縫份皆為1cm

A 布

摺雙

（正面）

腰帶布

S80cm
M80cm
L90cm
LL90cm

30cm 寬

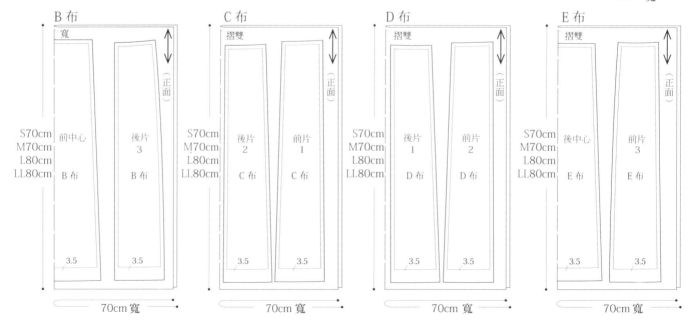

B 布

寬

（正面）

S70cm
M70cm
L80cm
LL80cm

前中心

B 布

後片
3

B 布

3.5　3.5

70cm 寬

C 布

摺雙

（正面）

S70cm
M70cm
L80cm
LL80cm

後片
2

C 布

前片
1

C 布

3.5　3.5

70cm 寬

D 布

摺雙

（正面）

S70cm
M70cm
L80cm
LL80cm

後片
1

D 布

前片
2

D 布

3.5　3.5

70cm 寬

E 布

摺雙

（正面）

S70cm
M70cm
L80cm
LL80cm

後中心

E 布

前片
3

E 布

3.5　3.5

70cm 寬

布片配置

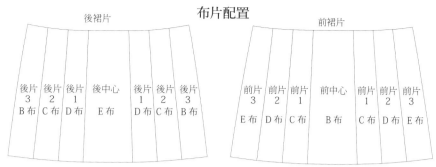

後裙片 | 前裙片

後片3 B布 | 後片2 C布 | 後片1 D布 | 後中心 E布 | 後片1 D布 | 後片2 C布 | 後片3 B布

前片3 E布 | 前片2 D布 | 前片1 C布 | 前中心 B布 | 前片1 C布 | 前片2 D布 | 前片3 E布

作法

1. 分別製作前裙片與後裙片

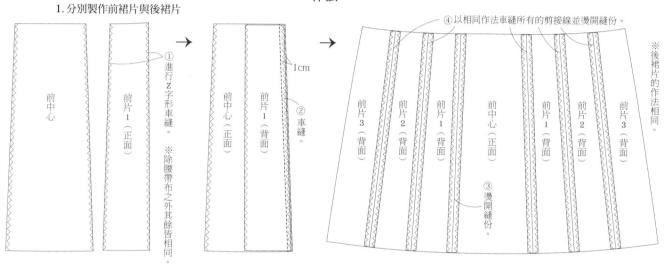

① 進行Z字形車縫。※除腰帶布之外其餘皆相同。

前中心（正面）

前片1（正面）

1cm

前中心（正面）

前片1（背面）

② 車縫。

④ 以相同作法車縫所有的剪接線並燙開縫份。

前片3（背面） 前片2（背面） 前片1（背面） 前中心（正面） 前片1（背面） 前片2（背面） 前片3（背面）

③ 燙開縫份。

※後裙片的作法相同。

2. 車縫脇邊線
3. 車縫下襬線

4. 接縫腰帶布&穿入鬆緊帶

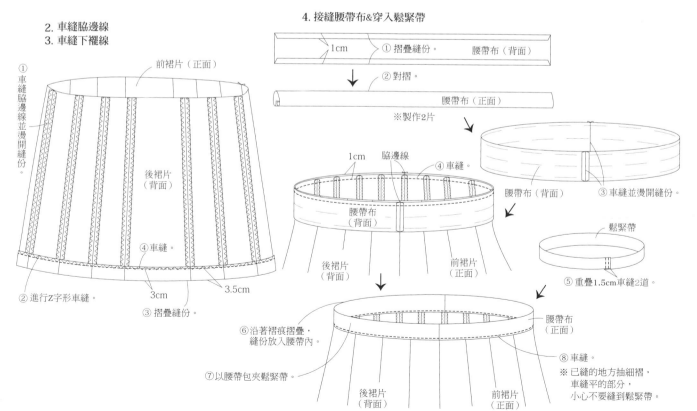

① 車縫脇邊線並燙開縫份。

前裙片（正面）

後裙片（背面）

② 進行Z字形車縫。

③ 摺疊縫份。

④ 車縫。

3cm

3.5cm

1cm ① 摺疊縫份。 腰帶布（背面）

② 對摺。 腰帶布（正面）

※製作2片

腰帶布（背面）

③ 車縫並燙開縫份。

1cm 脇邊線 ④ 車縫。

腰帶布（背面）

後裙片（背面）

前裙片（正面）

鬆緊帶

⑤ 重疊1.5cm車縫2道。

⑥ 沿著褶痕摺疊，縫份放入腰帶內。

⑦ 以腰帶包夾鬆緊帶。

後裙片（背面）

前裙片（正面）

腰帶布（正面）

⑧ 車縫。

※已縫的地方抽細褶，車縫平的部分，小心不要縫到鬆緊帶。

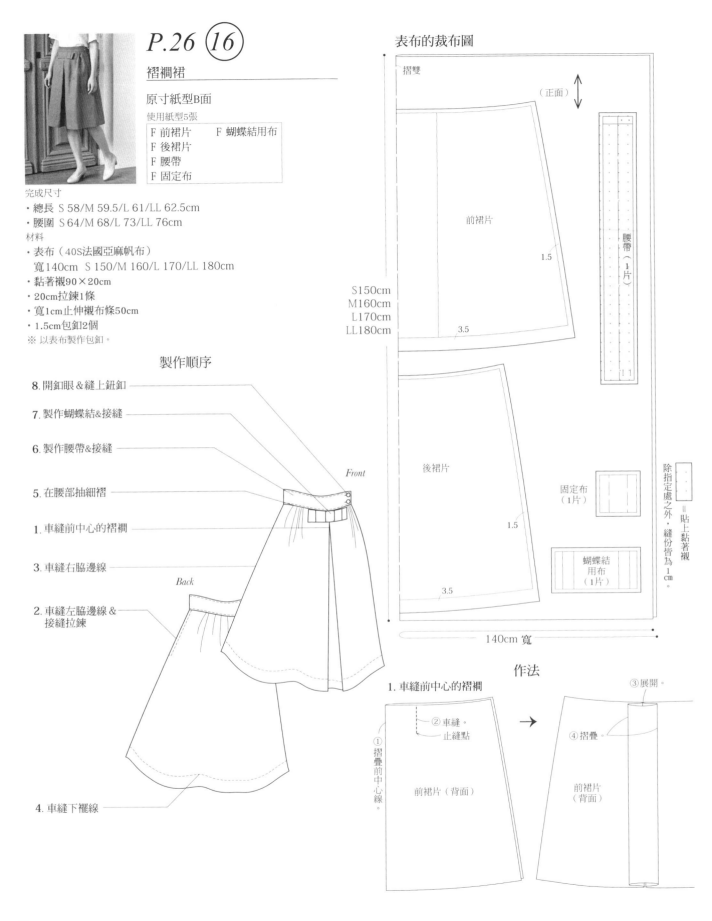

褶襉裙

原寸紙型B面

使用紙型5張

F 前裙片	F 蝴蝶結用布
F 後裙片	
F 腰帶	
F 固定布	

完成尺寸
・總長 S 58/M 59.5/L 61/LL 62.5cm
・腰圍 S 64/M 68/L 73/LL 76cm

材料
・表布（40S法國亞麻帆布）
　寬140cm　S 150/M 160/L 170/LL 180cm
・黏著襯90×20cm
・20cm拉鍊1條
・寬1cm止伸襯布條50cm
・1.5cm包釦2個
※ 以表布製作包釦。

製作順序

8. 開釦眼＆縫上鈕釦

7. 製作蝴蝶結＆接縫

6. 製作腰帶＆接縫

5. 在腰部抽細褶

1. 車縫前中心的褶襉

3. 車縫右脇邊線

2. 車縫左脇邊線＆
　接縫拉鍊

Front

Back

4. 車縫下襬線

表布的裁布圖

摺雙

（正面）

前裙片

1.5

3.5

腰帶（1片）

S150cm
M160cm
L170cm
LL180cm

後裙片

固定布
（1片）

1.5

蝴蝶結
用布
（1片）

3.5

140cm 寬

除指定處之外，縫份皆為1cm。

＝貼上黏著襯

作法

1. 車縫前中心的褶襉

①摺疊前中心線。

②車縫。
止縫點

前裙片（背面）

③展開。

④摺疊。

前裙片
（背面）

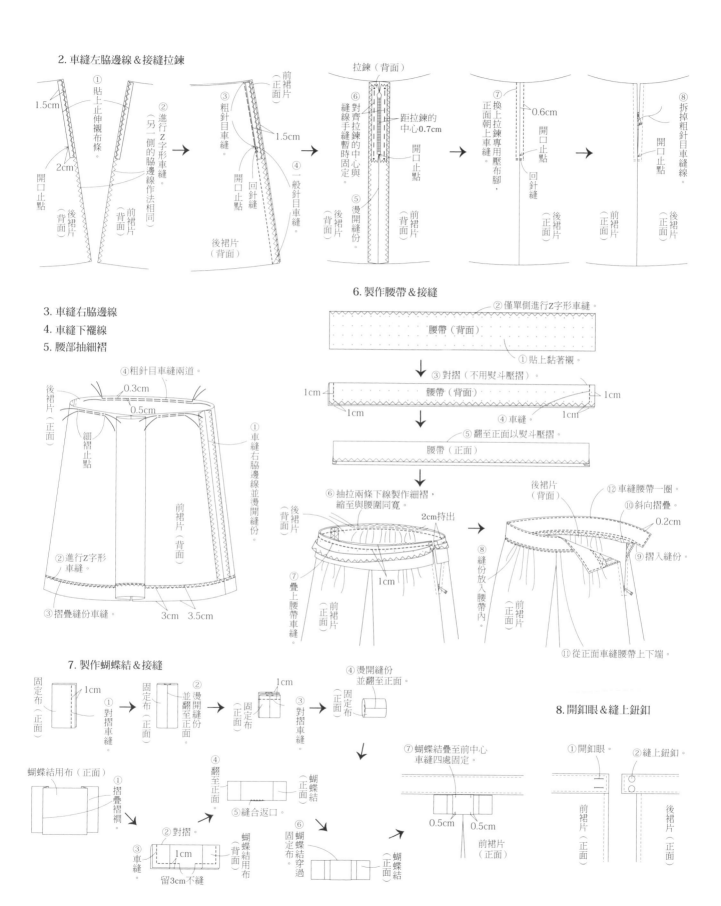

2. 車縫左脇邊線＆接縫拉鍊

① 貼上止伸襯布條。
1.5cm
2cm
開口止點
後裙片（背面）
前裙片（背面）

② 進行Z字形車縫。（另一側的脇邊線作法相同）

③ 粗針目車縫。
④ 一般針目車縫。
⑤ 回針縫
開口止點
1.5cm
前裙片（正面）
後裙片（背面）
前裙片（背面）

拉鍊（背面）
⑥ 對齊拉鍊的中心與縫線手縫暫時固定。
⑤ 燙開縫份
距拉鍊的中心0.7cm
開口止點
後裙片（背面）
前裙片（背面）

⑦ 換上拉鍊專用壓布腳，正面朝上車縫。
0.6cm
開口止點
回針縫
後裙片（正面）
前裙片（正面）

⑧ 拆掉粗針目車縫線。
開口止點
後裙片（正面）
前裙片（正面）

3. 車縫右脇邊線
4. 車縫下襬線
5. 腰部抽細褶

④ 粗針目車縫兩道。
0.3cm
0.5cm
後裙片（正面）
細褶止點
② 進行Z字形車縫。
③ 摺疊縫份車縫。
3cm 3.5cm
前裙片（背面）
① 車縫右脇邊線並燙開縫份。

6. 製作腰帶＆接縫

② 僅單側進行Z字形車縫。
腰帶（背面）
① 貼上黏著襯。

③ 對摺（不用熨斗壓摺）。
腰帶（背面）
1cm   1cm
1cm   1cm
④ 車縫。

⑤ 翻至正面以熨斗壓摺。
腰帶（正面）

⑥ 抽拉兩條下線製作細褶，縮至與腰圍同寬。
2cm持出
後裙片（背面）
⑦ 疊上腰帶車縫。
1cm
前裙片（正面）

後裙片（背面）
⑫ 車縫腰帶一圈。
⑩ 斜向摺疊。
0.2cm
⑧ 縫份放入腰帶內。
⑨ 摺入縫份。
前裙片（正面）
⑪ 從正面車縫腰帶上下端。

7. 製作蝴蝶結＆接縫

固定布（正面）
1cm
① 對摺車縫。

② 並翻至正面
固定布（正面）
燙開縫份

1cm
固定布（正面）

③ 對摺車縫。
④ 燙開縫份並翻至正面。
固定布（正面）

蝴蝶結用布（正面）
① 摺疊褶襉

② 對摺。
③ 車縫。
1cm
留3cm不縫
蝴蝶結用布（背面）

④ 翻至正面。
⑤ 縫合返口。
蝴蝶結（正面）

⑥ 固定布蝴蝶結穿過
蝴蝶結用布（正面）
蝴蝶結（正面）

⑦ 蝴蝶結疊至前中心車縫四處固定。
0.5cm 0.5cm
前裙片（正面）

8. 開釦眼＆縫上鈕釦

① 開釦眼
② 縫上鈕釦。
前裙片（正面）
後裙片（正面）

P.30 ⑲

繭型上衣

原寸紙型B面

使用紙型6張

G 前衣身	G 袖子
G 後衣身	G 袖口貼邊
G 前貼邊	
G 後貼邊	

P.30 ⑳

繭形連身裙

原寸紙型B面

使用紙型6張

G 前衣身	G 袖子
G 後衣身	G 袖口貼邊
G 前貼邊	
G 後貼邊	

完成尺寸

- 總長 S 61.5/M 63/L 65/LL 66cm　20 總長 S 94.5/M 97/L 99.5/LL 102cm
- 胸圍 S 109.5/M 116.5/L 122.5/LL 127cm

19 材料

- 表布（精梳棉布 Liberty印花布）
  寬110cm S 200/M 200/L 210/LL 220cm
- 黏著襯90×30cm
- 1.2cm鈕釦1個

20 材料

- 表布（Summer Tweed）
  寬145cm S 160/M 160/L 170/LL 180cm
- 黏著襯90×30cm
- 1.2cm鈕釦1個 1

20 表布的裁布圖

前衣身

後衣身

S160cm
M160cm
L170cm
LL180cm

3　3

袖口貼邊　0

後貼邊

摺雙

0

2×8
釦環用斜紋布
（直接剪裁
・1片）

0

前貼邊

（正面）

摺雙

袖子

145cm 寬

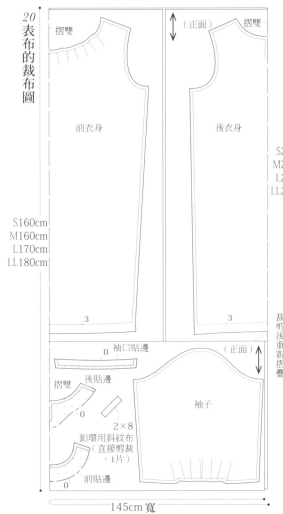

19 表布的裁布圖

摺雙

後衣身

（正面）

摺雙

1.5

釦環用斜紋布
（直接剪裁・1片）
2×8

前衣身

S200cm
M200cm
L210cm
LL220cm

1.5

摺雙

（正面）

袖子

0　袖口貼邊

110cm 寬

後貼邊

0

前貼邊

0

裁剪後重新摺疊

除指定處之外・縫份皆為1cm。
斜紋布直接在布上畫線裁剪。

▭ ‥‥ ＝貼上黏著襯

製作順序

19與20除下襬外其餘作法皆相同

3. 車縫肩線
　（參考P.43）

5. 衣身接縫貼邊
　與釦環

10. 縫上鈕釦

1. 製作釦環

7. 接縫袖子
　（參考P.43）

Back

Front

4. 製作貼邊

8. 車縫袖下至
　脇邊線＆車縫袖口

6. 袖子接縫袖口貼邊

2. 車縫前衣身與袖子的褶襉

9. 車縫下襬線

作法

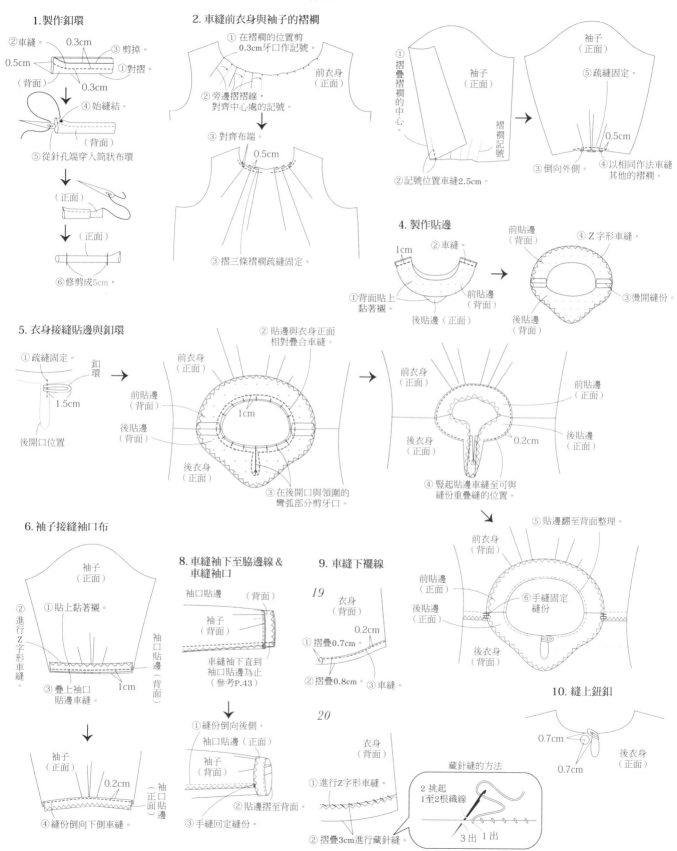

P.33 ㉑

領口雙綁帶五分袖上衣

原寸紙型D面

使用紙型3張

| H 前衣身 |
| H 後衣身 |
| H 袖子 |

完成尺寸
・總長 S 58/M 59.5/L 61/LL 62.5cm
・胸圍 S 98/M 104/L 109.5/LL 114cm
材料
・表布（先染Shadow Shirring）
　寬140cm S 130/M 130/L 140/LL 150cm

P.34 ㉒

領口雙綁帶七分袖長版上衣

原寸紙型D面

使用紙型3張

| H 前衣身 |
| H 後衣身 |
| H 袖子 |

完成尺寸
・總長 S 76.5/M 78.5/L 80.5/LL 82.5cm
・胸圍 S 98/M 104/L 109.5/LL 114cm
材料
・表布（精梳棉布 Liberty印花布）
　寬110cm S 230/M 240/L 250/LL 260cm

製作順序

21和22的作法相同。

4. 車縫上層滾邊與蝴蝶結綁帶
　（參考P.46）

3. 車縫肩線（參考P.43）

5. 接縫袖子（參考P.43）

2. 車縫下層滾邊與蝴蝶結綁帶
　（參考P.46）

7. 袖口抽細褶後滾邊

1. 前開口滾邊
　（參考P.46）

6. 車縫袖下至
　脇邊線（參考P.43）

8. 車縫下襬線

Front

Back

21 表布的裁布圖

除指定處之外，縫份皆為1cm。
斜紋布條與袖口布直接在布上畫線裁剪。

22 表布的裁布圖

摺雙

（正面）↕

袖子

0

S64.5
M65
L65.5
3.5×LL66
上層滾邊用斜紋布條
（直接裁剪）

前衣身

0

S S
S58
M58.5
L59
3.5×LL59
下層滾邊用斜紋布條
（直接裁剪）

S230cm
M240cm
L250cm
LL260cm

0

1.5

3×20
前開口用斜紋布條
（直接裁剪，1片）

後衣身

S25.5
M29
L28.5
3.5×LL29.5
袖口布
（直接裁剪）

1.5

110cm 寬

作法

7. 袖口抽細褶後滾邊

① 對摺。　袖口布（正面）

② 對齊①的褶痕摺疊
布端的上下側。　袖口布（正面）

③ 縫成輪狀並燙開縫份。

袖口布
（背面）　　1cm　　展開褶痕

④ 沿著褶痕再摺一次。　袖口布（正面）

袖子
（背面）
0.3cm
0.3cm
⑤ 粗針目車縫。

袖子
（背面）
⑥ 抽拉兩條下線製作細褶。

袖子
（背面）
⑧
車縫。
0.2cm
⑦ 以袖口布包夾袖口。

8. 車縫下襬線

22（下襬弧度較大時）

① 以稍粗的針目車縫。
前衣身（正面）
後衣身（背面）
0.6cm

② 摺疊0.7cm。
前衣身（背面）
後衣身（正面）

③ 摺疊0.8cm。
前衣身（背面）
0.6cm
後衣身（正面）
④ 車縫。
抽拉①的縫線下線來
縮減彎弧處浮起的縫份

※ 21省略①的粗針目車縫，
其餘作法相同。

P.37 24

小圓領七分袖罩衫

原寸紙型D面

使用紙型6張

Ⅰ 前衣身	Ⅰ 袖口布
Ⅰ 上衣口袋	Ⅰ 袖子
Ⅰ 後衣身	
Ⅰ 衣領	

完成尺寸

・總長 S 56/M 57.5/L 59/LL 60.5cm
・胸圍 S 88/M 93.6/L 98/LL 102cm

材料

・表布（Cotton Twill Liberty印花布）
　寬 135cm S 140/M 140/L 160/LL 170cm
・黏著襯90×30cm
・2.5cm鈕釦5個

製作順序

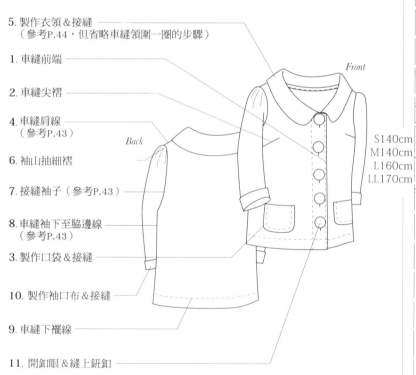

5. 製作衣領＆接縫
　（參考P.44，但省略車縫領圍一圈的步驟）

1. 車縫前端

2. 車縫尖褶

4. 車縫肩線
　（參考P.43）

6. 袖山抽細褶

7. 接縫袖子（參考P.43）

8. 車縫袖下至脇邊線
　（參考P.43）

3. 製作口袋＆接縫

10. 製作袖口布＆接縫

9. 車縫下襬線

11. 開釦眼＆縫上鈕釦

Front

Back

S140cm
M140cm
L160cm
LL170cm

表布的裁布圖

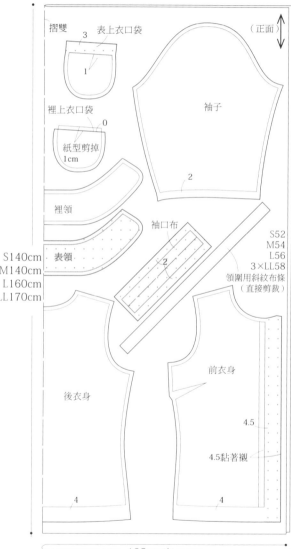

摺雙
表上衣口袋
3
1
（正面）

裡上衣口袋
紙型剪掉
1cm
0

袖子

裡領

2

表領

袖口布
2

S52
M54
L56
3×LL58
領圍用斜紋布條
（直接剪裁）

後衣身

前衣身

4.5

4.5黏著襯

4

4

135cm 寬

除指定處之外，縫份皆為1cm。
斜紋布條直接在布上畫線裁剪。

▭ ＝貼上黏著襯

88

作法

1. 車縫前端

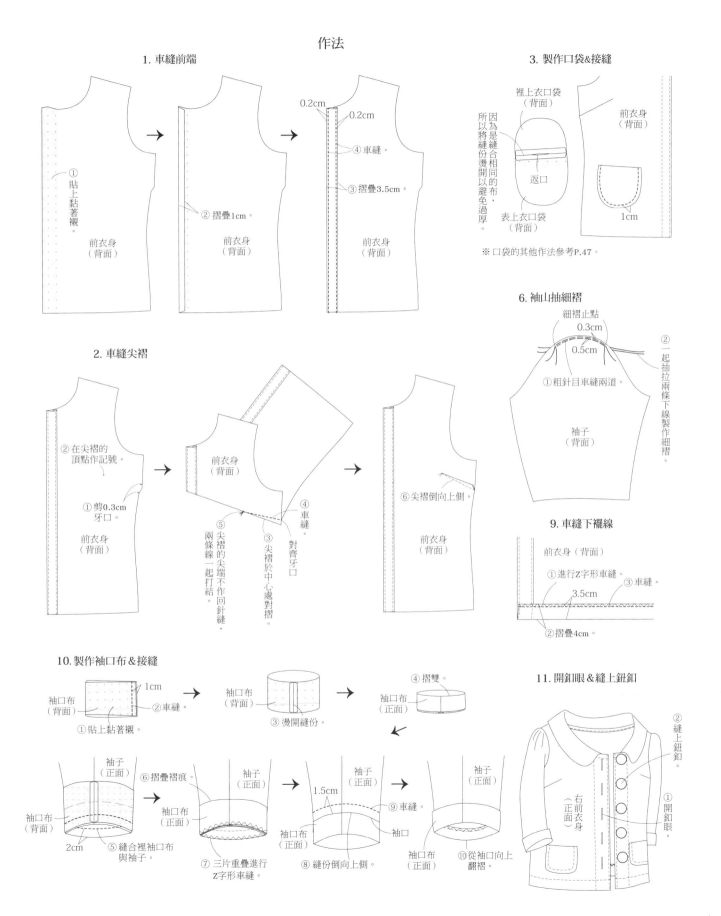

① 貼上黏著襯。

前衣身（背面）

→

② 摺疊1cm。

前衣身（背面）

→

0.2cm
0.2cm
④ 車縫。
③ 摺疊3.5cm。

前衣身（背面）

2. 車縫尖褶

② 在尖褶的頂點作記號。

① 剪0.3cm牙口。

前衣身（背面）

→

前衣身（背面）

⑤ 尖褶的尖端不作回針縫，兩條線一起打結。

③ 尖褶於中心處對摺。

④ 車縫。

對齊牙口

→

⑥ 尖褶倒向上側。

前衣身（背面）

3. 製作口袋&接縫

裡上衣口袋（背面）

因為是縫合相同的布，所以將縫份燙開以避免過厚。

前衣身（背面）

返口

表上衣口袋（背面）

1cm

※ 口袋的其他作法參考P.47。

6. 袖山抽細褶

細褶止點
0.3cm
0.5cm

② 一起抽拉兩條下線製作細褶。

① 粗針目車縫兩道。

袖子（背面）

9. 車縫下襬線

前衣身（背面）

① 進行Z字形車縫。
② 摺疊4cm。
3.5cm
③ 車縫。

10. 製作袖口布&接縫

袖口布（背面）

1cm
② 車縫。
① 貼上黏著襯。

→

袖口布（背面）
③ 燙開縫份。

→

④ 摺雙。
袖口布（正面）

袖子（正面）

⑥ 摺疊褶痕

袖口布（背面）

袖口布（背面）

2cm
⑤ 縫合裡袖口布與袖子。

→

袖子（正面）

⑦ 三片重疊進行Z字形車縫。

袖口布（正面）

→

1.5cm
袖子（正面）
⑨ 車縫。
袖口
袖口布（正面）
⑧ 縫份倒向上側。

→

袖子（正面）
袖口布（正面）
⑩ 從袖口向上翻褶。

11. 開鈕眼&縫上鈕釦

② 縫上鈕釦。

右前衣身（正面）

① 開鈕眼。

P.36 ㉓

小圓領七分袖連身裙

原寸紙型D面

使用紙型8張

I 前衣身	I 衣領
I 連身裙口袋	I 袖口布
I 後衣身	I 前裙片
I 衣領	I 後裙片

完成尺寸

・總長 S105/M 108/L 111/LL 113.5cm
・胸圍 S 88/M 93.6/L 98/LL 102cm

材料

・表布（彩色亞麻）
　寬105cm　S 300/M 310/L 330/LL 350cm
・黏著襯90×30cm
・1.5cm包釦7個
・30cm拉鍊1條
・寬1cm止伸襯布條90cm

製作順序

5. 製作衣領＆接縫
　（參考P.44，但省略車縫領圍一圈的步驟）

6. 開釦眼

1. 車縫前端

2. 車縫尖褶

4. 車縫肩線
　（參考P.43）

7. 袖山抽細褶

8. 接縫袖子
　（參考P.43）

9. 續縫右袖下至脇邊線
　（參考P.73的8）

3. 製作口袋＆接縫

13. 製作袖口布＆接縫
　（參考P.89的10）

11. 縫合衣身與裙片
　（參考P.74的10）

12. 左邊脇接縫拉鍊
　（參考P.74的11）

10. 製作裙片

15. 縫上鈕釦

14. 車縫裙子的下襬線

Front

Back

表布的裁布圖

摺雙

裡連身裙口袋

裡領

表領

表連身裙口袋

紙型剪掉1cm

0

3.5

前衣身

1　3

1.5

黏著襯

後衣身

1.5

袖口布

2

S52
M54
L56
3×LL58
領圍用
斜紋布條
（直接剪裁・1片）

（正面）

袖子

2

S300cm
M310cm
L330cm
LL350cm

後裙片

1.5

3.5

前裙片

1.5

3.5

105cm 寬

除指定處之外，縫份皆為1cm。
斜紋布條直接在布上畫線裁剪。

□＝貼上黏著襯

作法

1. 車縫前端

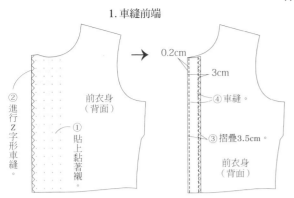

② 進行Z字形車縫。
① 貼上黏著襯。
前衣身（背面）

0.2cm
3cm
④ 車縫。
③ 摺疊3.5cm。
前衣身（背面）

2. 車縫尖褶

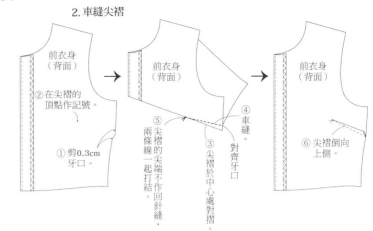

前衣身（背面）
② 在尖褶的頂點作記號。
① 剪0.3cm牙口。

前衣身（背面）
⑤ 尖褶的尖端不作回針縫，兩條線一起打結。
④ 車縫。
③ 尖褶於中心處對摺。
對齊牙口

前衣身（背面）
⑥ 尖褶倒向上側。

3. 製作口袋＆接縫

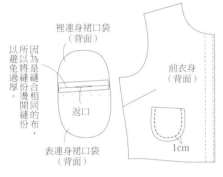

裡連身裙口袋（背面）
因為是縫合相同的布，所以將縫份燙開，以避免過厚。
返口
表連身裙口袋（背面）
前衣身（背面）
1cm

※口袋的其他作法參考P.47。

6. 開釦眼

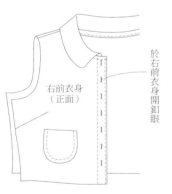

右前衣身（正面）
於右前衣身開釦眼

10. 製作裙片

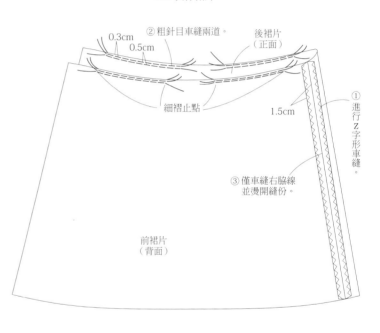

0.3cm
0.5cm
② 粗針目車縫兩道。
後裙片（正面）
細褶止點
1.5cm
① 進行Z字形車縫。
③ 僅車縫右脇線並燙開縫份。
前裙片（背面）

7. 袖山抽細褶

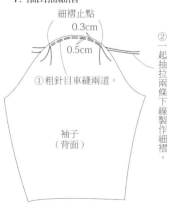

細褶止點
0.3cm
0.5cm
① 粗針目車縫兩道。
② 一起抽拉兩條下線製作細褶。
袖子（背面）

14. 車縫裙子的下襬線

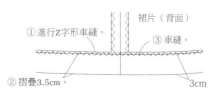

裙片（背面）
① 進行Z字形車縫。
③ 車縫。
② 摺疊3.5cm。
3cm

15. 縫上鈕釦

左前衣身縫上鈕釦

P.39 ㉕

無領長外套

原寸紙型D面

使用8片紙型

J 後貼邊	J 方袋蓋
J 前貼邊	J 方口袋
J 後衣身	J 袖子
J 前衣身	J 七分袖貼邊

※前衣身的紙型是裁開剪接線使用。

完成尺寸
・總長 S 90.5/M 93/L 95.5/LL 97.5cm
・胸圍 S 93.5/M 99.5/L 104.5/LL 109cm

材料
・表布（花形拉舍爾蕾絲）
　寬 107cm S 240/M 250/L 270/LL 280cm
・黏著襯90×30cm
・2.5cm包釦5個

製作順序

9. 製作貼邊
6. 車縫肩線（參考P.43）
3. 車縫尖褶
4. 車縫前衣身的剪接線
2. 製作袋蓋
1. 製作口袋＆接縫
7. 接縫袖子（參考P.43）
10. 接縫貼邊＆車縫前端
5. 袖口接縫貼邊（參考P.95的7）
8. 車縫袖下至脇邊線＆車縫袖口（參考P.95）
12. 開釦眼＆縫上鈕釦
11. 車縫下襬線

Front

Back

表布的裁布圖

摺雙　　　　（正面）

袖子

前衣身下

1.5
5
5黏著襯
4

S240cm
M250cm
L270cm
LL280cm

後貼邊
0

5黏著襯
前衣身上
1.5
5

七分袖貼邊
0.7

後衣身

方袋蓋
方袋蓋

方口袋
1.5　1.5
1　4

前貼邊
4
0　0

除指定處之外，縫份皆為1cm。

‧‧‧＝貼上黏著襯

107cm 寬

92

作法

1. 製作口袋＆接縫

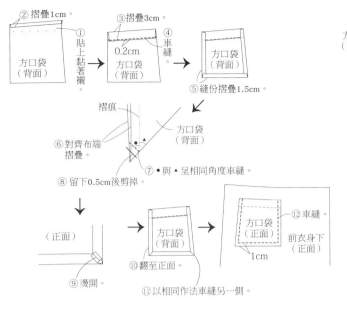

②摺疊1cm。
③摺疊3cm。
④車縫
①貼上黏著襯。
方口袋（背面）
方口袋（背面）
0.2cm
方口袋（背面）
⑤縫份摺疊1.5cm。

褶痕
方口袋（背面）
⑥對齊布端摺疊。
⑦●與▲呈相同角度車縫。
⑧留下0.5cm後剪掉。

（正面）
⑨燙開。
方口袋（背面）
⑩翻至正面。
⑪以相同作法車縫另一側。
方口袋（正面）
⑫車縫。
前衣身下（正面）
1cm

2. 製作袋蓋

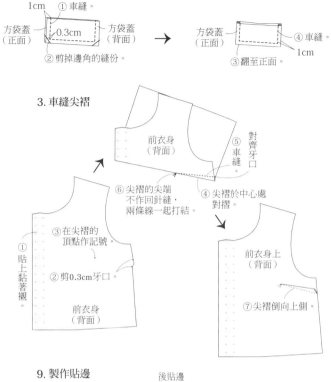

1cm
①車縫
方袋蓋（正面）
0.3cm
方袋蓋（背面）
②剪掉邊角的縫份。
方袋蓋（正面）
④車縫。
1cm
③翻至正面。

3. 車縫尖褶

前衣身（背面）
⑤對齊牙口車縫。
⑥尖褶的尖端不作回針縫，兩條線一起打結。
④尖褶於中心處對摺。
①貼上黏著襯。
③在尖褶的頂點作記號。
②剪0.3cm牙口。
前衣身（背面）
前衣身上（背面）
⑦尖褶倒向上側。

4. 車縫前衣身的剪接線

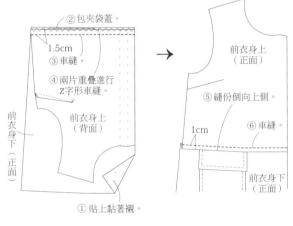

②包夾袋蓋。
1.5cm
③車縫。
④兩片重疊進行Z字形車縫。
前衣身上（背面）
前衣身下（正面）
①貼上黏著襯。
前衣身上（正面）
⑤縫份倒向上側。
1cm
⑥車縫
前衣身下（正面）

9. 製作貼邊

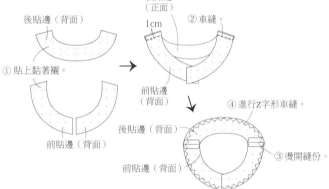

後貼邊（背面）
後貼邊（正面）
1cm
②車縫
①貼上黏著襯。
前貼邊（背面）
前貼邊（背面）
後貼邊（背面）
④進行Z字形車縫。
③燙開縫份。
前貼邊（背面）

10. 接縫貼邊＆車縫前端

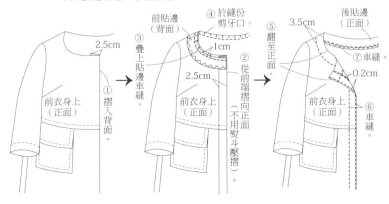

2.5cm
③疊上貼邊車縫。
前貼邊（背面）
④於縫份剪牙口。
1cm
2.5cm
①摺入背面。
前衣身上（正面）
②從前端摺向正面（不用熨斗壓摺）
後貼邊（正面）
3.5cm
⑤翻至正面。
⑦車縫。
0.2cm
前衣身上（正面）
⑥車縫

11. 車縫下襬線

前衣身（背面）
①進行Z字形車縫。
3.5cm
②摺疊4cm。
③車縫。

12. 開釦眼＆縫上鈕釦

①開釦眼。
②縫上鈕釦。

P.40 ㉖

小圓領長外套

原寸紙型D面

使用紙型10張

J 衣領	J 小袋蓋	J 袖子
J 領圍貼邊	J 小口袋	J 長袖貼邊
J 後衣身	J 大袋蓋	
J 前衣身	J 大口袋	

完成尺寸

· 總長 S 90.5/M 93/L 95.5/LL 97.5cm
· 胸圍 S 93.5/M 99.5/L 104.5/LL 109cm

材料

· 表布（立陶宛亞麻）
　寬136cm　S 190/M 200/L 220/LL 230cm
· 別布（精梳棉布 Liberty印花布）60×40cm
· 黏著襯90×50cm
· 2.5cm鈕釦5個

製作順序

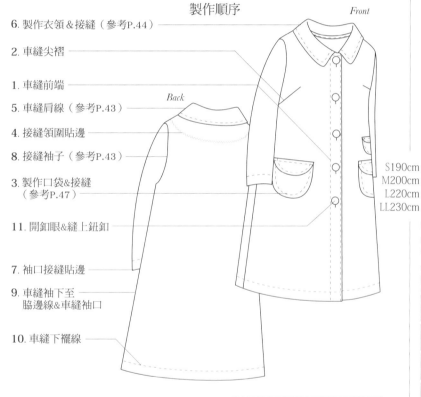

Front

Back

6. 製作衣領＆接縫（參考P.44）
2. 車縫尖褶
1. 車縫前端
5. 車縫肩線（參考P.43）
4. 接縫領圍貼邊
8. 接縫袖子（參考P.43）
3. 製作口袋＆接縫
　（參考P.47）
11. 開釦眼＆縫上鈕釦
7. 袖口接縫貼邊
9. 車縫袖下至
　脇邊線＆車縫袖口
10. 車縫下襬線

表布的裁布圖

摺雙

（背面）

大裡口袋

0

紙型
剪成1.5

小裡口袋

0

紙型
剪成
1

40cm

小裡袋蓋

大裡袋蓋

60cm 寬

表布的裁布圖

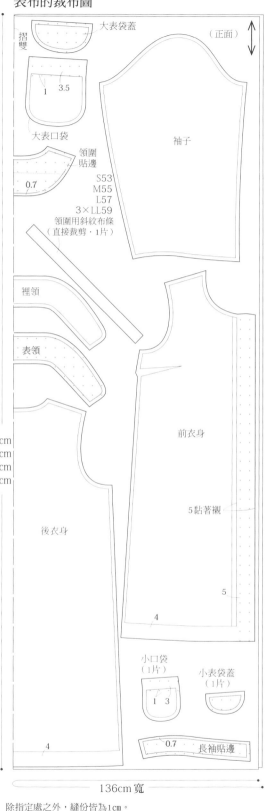

摺雙

大表袋蓋

（正面）

1　3.5

大表口袋

0.7

領圍
貼邊

S53
M55
L57
3×LL59

領圍用斜紋布條
（直接裁剪·1片）

裡領

表領

袖子

前衣身

5黏著襯

後衣身

S190cm
M200cm
L220cm
LL230cm

5

4

4

小口袋
（1片）

1　3

小表袋蓋
（1片）

0.7 長袖貼邊

136cm 寬

除指定處之外，縫份皆為1㎝。
斜紋布條是直接畫線裁剪。

▭‥‥ ＝貼上黏著襯

作法

1. 車縫前端

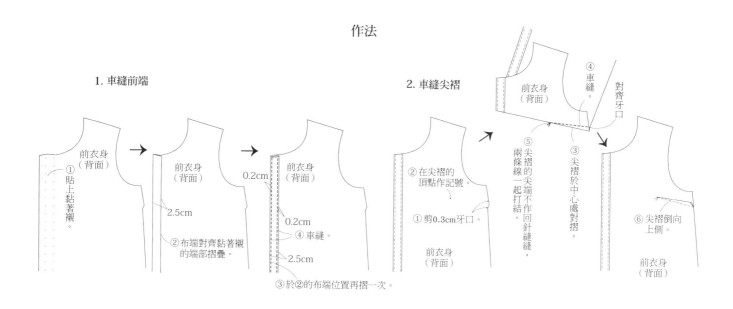

前衣身（背面）

① 貼上黏著襯。

前衣身（背面）

2.5cm

② 布端對齊黏著襯的端部摺疊。

前衣身（背面）

0.2cm

0.2cm

④ 車縫。

2.5cm

③ 於②的布端位置再摺一次。

2. 車縫尖褶

前衣身（背面）

④ 車縫

對齊牙口

② 在尖褶的頂點作記號。

① 剪0.3cm牙口。

前衣身（背面）

⑤ 尖褶的尖端不作回針縫縫，兩條線的尖端一起打結。

③ 尖褶於中心處對摺。

⑥ 尖褶倒向上側。

前衣身（背面）

4. 接縫領圍貼邊

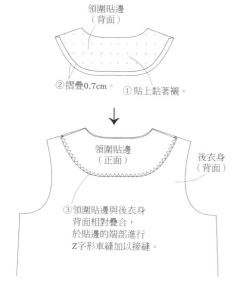

領圍貼邊（背面）

② 摺疊0.7cm。

① 貼上黏著襯。

領圍貼邊（正面）

後衣身（背面）

③ 領圍貼邊與後衣身背面相對疊合，於貼邊的端部進行Z字形車縫加以接縫。

7. 袖口接縫貼邊

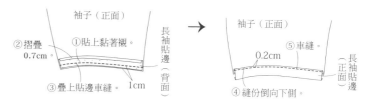

袖子（正面）

② 摺疊0.7cm

① 貼上黏著襯。

長袖貼邊（背面）

③ 疊上貼邊車縫。

1cm

袖子（正面）

⑤ 車縫。

0.2cm

長袖貼邊（正面）

④ 縫份倒向下側。

9. 車縫袖下至脇邊線＆車縫袖口

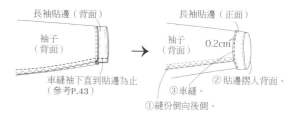

長袖貼邊（背面）

袖子（背面）

車縫袖下直到貼邊為止（參考P.43）

① 縫份倒向後側。

長袖貼邊（正面）

袖子（背面）

0.2cm

② 貼邊摺入背面。

③ 車縫。

11. 開釦眼＆縫上鈕釦

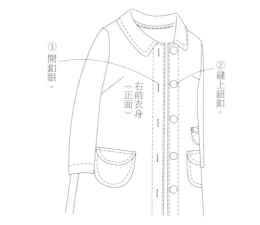

① 開釦眼。

右前衣身（正面）

② 縫上鈕釦。

10. 車縫下襬線

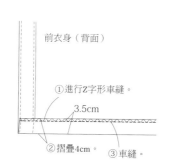

前衣身（背面）

① 進行Z字形車縫。

3.5cm

② 摺疊4cm。

③ 車縫。

TATSUYA
KAIGAI
DESIGN

🧵Sewing 縫紉家27

容易製作・嚴選經典
設計師の私房款手作服（暢銷版）

作　　　者／海外竜也
譯　　　者／瞿中蓮
發 行 人／詹慶和
執行編輯／劉蕙寧
編　　　輯／蔡毓玲・黃璟安・陳姿伶
執行美編／周盈汝・韓欣恬
美術編輯／陳麗娜
內頁排版／造　極
出 版 者／雅書堂文化事業有限公司
發 行 者／雅書堂文化事業有限公司
郵撥帳號／18225950
戶　　　名／雅書堂文化事業有限公司
地　　　址／新北市板橋區板新路206號3樓
電　　　話／(02)8952-4078
傳　　　真／(02)8952-4084
網　　　址／www.elegantbooks.com.tw
電子郵件／elegant.books@msa.hinet.net

2018年4月初版一刷
2021年11月二版一刷　定價 420 元

Lady Boutique Series No.4216
OSHAREGI WO TEZUKURI DE
© 2016 Boutique-sha, Inc.
All rights reserved.
Original Japanese edition published in Japan by BOUTIQUE-SHA.
Chinese (in complex character) translation rights arranged with BOUTIQUE-SHA
through Keio Cultural Enterprise Co., Ltd., New Taipei City, Taiwan

經銷／易可數位行銷股份有限公司
地址／新北市新店區寶橋路235巷6弄3號5樓
電話／(02)8911-0825
傳真／(02)8911-0801

國家圖書館出版品預行編目(CIP)資料

容易製作・嚴選經典：設計師の私房款手作服 /
海外竜也著; 瞿中蓮譯.
-- 二版. – 新北市：雅書堂文化, 2021.11
　　面；　　公分. -- (Sewing縫紉家; 27)
ISBN 978-986-302-609-9(平裝)
1.縫紉 2.衣飾 3.手工藝

426.3　　　　　　　　　　　110018379

〔STAFF〕

1.作者　　　　海外竜也

2.製作協力　　赤須佳世子・酒井 舞・花木純子

3.攝影　　　　中島繁樹

4.造型設計　　山田祐子

5.妝髮　　　　タニジュンコ

6.模特兒　　　みなみ（身高166cm）

7.內頁設計　　みうらしゅう子

8.編輯　　　　根本さやか・片山優子

9.校對　　　　橋本明美

**TATSUYA
KAIGAI
DESIGN**

縫紉家 Sewing

Happy Sewing
快樂裁縫師

SEWING縫紉家01
全圖解裁縫聖經
授權：BOUTIQUE-SHA
定價：1200元
21×26cm‧626頁‧雙色

SEWING縫紉家02
手作服基礎班：
畫紙型＆裁布技巧book
作者：水野佳子
定價：350元
19×26cm‧96頁‧彩色

SEWING縫紉家03
手作服基礎班：
口袋製作基礎book
作者：水野佳子
定價：320元
19×26cm‧72頁‧彩色＋單色

SEWING縫紉家04
手作服基礎班：
從零開始的縫紉技巧book
作者：水野佳子
定價：380元
19×26cm‧132頁‧彩色＋單色

SEWING縫紉家05
手作達人縫紉筆記：
手作服這樣作就對了
作者：月居良子
定價：380元
19×26cm‧96頁‧彩色＋單色

SEWING縫紉家06
輕鬆學會機縫基本功
作者：栗田佐穗子
定價：380元
21×26cm‧128頁‧彩色＋單色

SEWING縫紉家07
Coser必看の
CosPlay手作服×道具製作術
授權：日本ヴォーグ社
定價：480元
21×29.7cm‧96頁‧彩色＋單色

SEWING縫紉家08
實穿好搭の
自然風洋裝＆長版衫
作者：佐藤 ゆうこ
定價：320元
21×26cm‧80頁‧彩色＋單色

SEWING縫紉家09
365日都百搭！穿出線條の
may me 自然風手作服
作者：伊藤みちよ
定價：350元
21×26cm‧80頁‧彩色＋單色

SEWING縫紉家10
親手作の
簡單優雅款白紗＆晚禮服
授權：Boutique-sha
定價：580元
21×26cm‧88頁‧彩色＋單色

SEWING縫紉家11
休閒＆聚會都ok！穿出style
のMay Me大人風手作服
作者：伊藤みちよ
定價：350元
21×26cm‧80頁‧彩色＋單色

SEWING縫紉家12
Coser必看の
CosPlay手作服×道具製作術2：
華麗進階款
授權：日本ヴォーグ社
定價：550元
21×29.7cm‧106頁‧彩色＋單色

SEWING縫紉家13
外出＋居家都實穿の
洋裝＆長版上衣
授權：Boutique-sha
定價：350元
21×26cm‧80頁‧彩色＋單色

SEWING縫紉家14
I LOVE LIBERTY PRINT
英倫風の手作服＆布小物
授權：實業之日本社
定價：380元
22×28cm‧104頁‧彩色

SEWING縫紉家15
Cosplay超完美製衣術‧
COS服的基礎手作
授權：日本ヴォーグ社
定價：480元
21×29.7cm‧90頁‧彩色＋單色

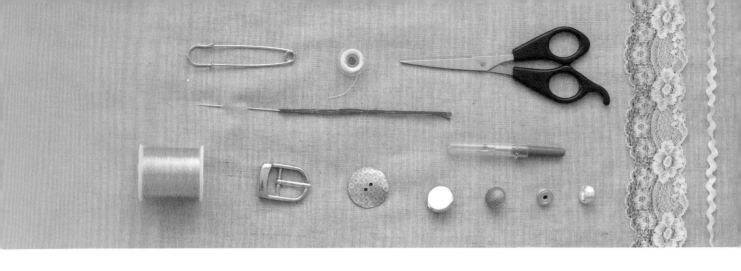

SEWING縫紉家16

自然風女子的日常手作衣著

作者：美濃羽まゆみ

定價：380元

21×26 cm・80頁・彩色

SEWING縫紉家17

無拉鍊設計的一日縫紉：
簡單有型的鬆緊帶褲＆裙

授權：BOUTIQUE-SHA

定價：350元

21×26 cm・80頁・彩色

SEWING縫紉家18

Coser的手作服華麗挑戰：
自己作的COS服×道具

授權：日本Vogue社

定價：480元

21×29.7 cm・104頁・彩色

SEWING縫紉家19

專業裁縫師的紙型修正祕訣

作者：土屋郁子

定價：580元

21×26 cm・152頁・雙色

SEWING縫紉家20

自然簡約派的
大人女子手作服

作者：伊藤みちよ

定價：380元

21×26 cm・80頁・彩色+單色

SEWING縫紉家21

在家自學
縫紉の基礎教科書

作者：伊藤みちよ

定價：450元

19×26 cm・112頁・彩色

SEWING縫紉家22

簡單穿就好看！
大人女子の生活感製衣書

作者：伊藤みちよ

定價：380元

21×26 cm・80頁・彩色

SEWING縫紉家23

自己縫製的大人時尚・
29件簡約俐落手作服

作者：月居良子

定價：380元

21×26 cm・80頁・彩色

SEWING縫紉家24

素材美＆個性美・
穿上就有型的亞麻感手作服

作者：大橋利枝子

定價：420元

19×26cm・96頁・彩色

SEWING縫紉家25

女子裁縫師的日常穿搭

授權：BOUTIQUE-SHA

定價：380元

19×26cm・88頁・彩色

SEWING縫紉家26

Coser手作裁縫師・自己作
Cosplay手作服＆配件

日本VOGUE社◎授權

定價：480元

21×29.7cm・90頁・彩色+單色

**TATSUYA
KAIGAI
DESIGN**